KB123216

김상욱의 **양자역학 더 찔러보기**

과학하고 앉아있네 04

김상욱의 양자역학 더 짤러보기

초판 1쇄 펴낸날 2016년 3월 23일
초판 6쇄 펴낸날 2021년 1월 20일
지은이 원종우 · 김상욱
펴낸이 한성봉
책임편집 이지경
편집 안상준 · 하명성 · 이동현 · 조유나
디자인 전혜진 · 김현중
마케팅 박신용 · 오주형 · 강은혜 · 박민지
경영지원 국지연 · 강지선
펴낸곳 도서출판 동아시아
등록 1998년 3월 5일 제1998-000243호
주소 서울시 중구 퇴계로30길 15-8 [필동1가 26]
페이스북 www.facebook.com/dongasiabooks
전자우편 dongasiabook@naver.com
블로그 blog.naver.com/dongasiabook
인스타그램 www.instagram.com/dongasiabook
전화 02) 757-9724, 5
팩스 02) 757-9726
ISBN 978-89-6262-133-4 04400
978-89-6262-092-4 (세트)

이 도서의 국립중앙도서관 출판예정도서목록(CIP)은
서지정보유통지원시스템 홈페이지(http://seoji.nl.go.kr)와
국가자료공동목록시스템(http://www.nl.go.kr/kolisnet)에서
이용하실 수 있습니다. (CIP제어번호 : CIP2016006676)

과학하고 앉아있네

파토 원종우의 과학 전문 팟캐스트

04

김상욱의 양자역학 더 찔러보기

| 원종우 · 김상욱 지음 |

동아시아

과학전문 팟캐스트 방송 〈과학하고 앉아있네〉는 '과학과 사람들'이 만드는 프로그램입니다. '과학과 사람들'은 과학 강의나 강연 등등 프로그램과 이벤트와 같은 과학 전반에 걸친 이런저런 일을 하기 위해 만든 단체입니다. 과학을 해석하고 의미를 부여하는 "과학과 인문학의 만남"을 이야기하는 것이 바로 〈과학하고 앉아있네〉의 주제입니다.

사회자
원종우

딴지일보 논설위원이라는 직함도 갖고 있다. 대학에서는 철학을 전공했고 20대에는 록 뮤지션이자 음악평론가였고, 30대에는 딴지일보 기자이자 SBS에서 다큐멘터리를 만들었다. 2012년에는 『조금은 삐딱한 세계사: 유럽편』이라는 역사책, 2014년에는 『태양계 연대기』라는 SF와 『파토의 호모 사이언티피쿠스』라는 과학책을 내기도 한 전방위적인 인물이다. 과학을 무척 좋아했지만 수학을 못해서 과학자가 못 됐다고 하니 과학에 대한 애정은 원래 있었던 듯하다. 40대 중반의 나이임에도 꽁지머리를 해서 멀리서도 쉽게 알아볼 수 있다. 과학 콘텐츠 전문 업체 '과학과 사람들'을 이끌면서 인기 과학 팟캐스트 〈과학하고 앉아있네〉와 더불어 한 달에 한 번 국내 최고의 과학자들과 함께 과학 토크쇼 〈과학같은 소리하네〉 공개방송을 진행한다. 이런 사람이 진행하는 과학 토크쇼는 어떤 것일까.

대담자
김상욱

어린 시절, 우연히 접한 양자역학에 큰 충격을 받은 소년 김상욱의 인생은 그길로 결정돼버렸다. 그것이 물리학인지조차 모르던 상태에서 양자역학 연구를 삶의 목표로 삼아버렸기 때문이다. 그렇게 카이스트로 진학해서 학사, 석사, 박사를 모두 취득하고 세월이 지난 지금은 부산대학교 물리교육과 교수를 거쳐 경희대학교 물리학과 교수가 되어 있다. 학자 본연의 깊이 있는 연구에 몰두하면서도 어린 시절 자신의 경험을 잊지 않고 팟캐스트와 강연을 통해 대중에게 양자역학의 내용과 의미를 알리는 역할을 자임하고 있기도 하다. 조근조근한 말투에 얼핏 냉정하고 융통성 없는 과학자처럼 보이지만, 실은 과학의 잣대를 통해 확인되는 자연의 경이로움에 흠뻑 젖어 살면서 인간에 대한 깊은 관심과 사회에 대한 열정적인 비전을 가진 뜨거운 사람이다.

* 본문에서 사회자 **원종우**는 **'원'**, 대담자 **김상욱**은 **'욱'** 으로 적는다.

* 김상욱 교수는 현재 경희대학교 물리학과 교수이다. 하지만 이 팟캐스트가 방송될 당시에는 부산대학교 물리교육과 교수였기 때문에, 본문에서는 그대로 '부산대학교 물리교육과 교수'로 적는다.

차례

축구공 위의 물리학자

원— 지금 저희가 이것을 시작한 이래로 가장 많은 분들이 오신 것 같아요. 아주 초창기에는 무언지 모르고 오는 사람들이 있었는데, 이제는 정말 이것을 들으러 옵니다. 오늘은 양자역학 두 번째 시간인데요, '조금 더 콕 찔러보는 양자역학'입니다. 아시다시피 지난번 '양자역학 콕 찔러보기'를 들으신 분들은 아무것도 모르겠는데도 재미있다는 아주 이상한 반응을 보였습니다. 대여섯 번을 듣고도 여전히 모르겠지만, 그래도 재미있다는 것이죠. 그래서 김상욱 교수께서 애프터서비스를 해주셔야 되는 상황이 아닌가 싶습니다.

물론 지난번에도 말했지만, 오늘 이것을 듣고 간다고 해서 여러분이 무엇을 아시게 된다는 건 아닙니다. 하지만 이것을 듣고 이제 더 모르겠다거나 또는 다섯 번을 듣고도 모르겠다고 하는 것은 바로 책을 보실 때가 된 것이죠. 책을 골라서 보시면 좀 더 구체적으로, 좀 더 선명하게 아는 부분이 생길 것 같습니다. 다만 책을 먼저 보는 경우에는 세 페이지를 넘기기가 쉽지 않기 때문에, 이것이 그런 이끄는 역할을 한다고 생각합니다.

그래서 다시 이야기를 해주시러 김상욱 교수께서 부산에서 먼 길을 오셨습니다. 앞의 내용을 아는 사람과 아닌 사람에게는 아는 것과 모르는 것이 겹쳐져 있을 것 같습니다. 그래서 일단 앞부분에서 복습을 약간 하고, 그러면서 좀 더 미묘한 이야기로 접어들어 가는 것이 좋겠습니다. 지난번 것을 살짝 복습하나요?

욱— 먼저 복습을 좀 할 겁니다. 사실 제가 지난번 방송 이후에 놀랍게도 많은 것이 바뀌었어요. 제가 전에도 여기저기 방송 출연을 몇 번 했었는데 아무도 모르더라고요. EBS 〈영화음악실〉에 나가서 영화 과학에 대해서 이야기를 한 적도 있고, YTN에 나가서 과학자로서 비전 같은 것을 이야기한 적도 있는데, 아무도 몰라요. 그런데 제가 여기 나온 이후 많은 분들이 저를 알게 된 거 같아요. 사실 여기 나올 때만 해도 양자역학 강연은 매일 하던 것이니까 아무 생각 없이 편한 마음으로 하자 했던 것인데 말이에요.

암튼 그 이후 얼굴도 모르는 많은 사람들이 페이스북에서 친구를 맺자고 하는데, 놀랍게도 대부분의 이유가 팟캐스트 때문이었어요. '이것을 들었는데 재미있었다' 하는 분도 계셨고, 제가 아는 분들 가운데도 연락을 하는 사람들도 있고 해서 이 팟캐스트의 위력이 대단하다는 걸 알게 되었습니다. 많은 분들이 저에게 연락을 하면서 지난 강의의 AS를 해달라고 요청한 것도 있고, 또 지난번 제가 시간 때문에 양자역학에 대한 모든 것을 이야기하지 못한 것도 있고 하여 오늘 이렇게 나온 겁니다.

최근에 양자역학이 화두가 된 이유가 바로 양자정보, 양자컴퓨터 이런 것 때문인데, 지난번에 거기까지 가지 못했어요. 겨우 1930년대까지의 양자역학을 이야기한 것입니다. 그러니까 100년 가까이가 비어 있는 거죠. 그동안 물리학자들이 논 것은 아니기 때문에, 이후의 이야기를 조금 더 하고 싶기도 했습니다. '양자얽힘'이라 불리는 것에 대한 이야기입니다. 그런데 '양자얽힘'은 굉장히 어려워요. 솔직히 저에게도 정말 어렵습니다.

그래서 일단 먼저 지난번에 이미 했던 이야기를 조금 다른 각도에서 다시 간단히 정리를 하고나서 오늘의 주제인 '양자얽힘'으로 갈 겁니다. 여러분이 잘 따라오신다면, 자세한 것은 몰라도 양자컴퓨터, 양자전송이라는 게 무엇이고, 최근 뉴스에 나오는

양자얽힘 양자얽힘Quantum Entanglement은 양자역학적으로 존재할 수 있는 비고전적 상관관계이다. 아인슈타인이 그의 유명한 EPR 논문에서 양자역학을 공격하기 위해 제안한 상태에서 비롯되었다. 양자정보 분야의 핵심 개념으로, 양자컴퓨터나 양자전송, 양자암호 등의 구현에서 중요한 역할을 한다.

양자역학의 이상한 이슈들이 무엇인지 조금은 느낄 수 있지 않을까 생각합니다.

지난번 제 강의가 어렵다는 이야기도 있었고, 또 너무 사람냄새가 안 난다는 분도 있었습니다. 물론 양자역학의 에센스만 추리다 보니까 그럴 수도 있었을 겁니다. 그래서 오늘은 사람냄새를 나게 하려고 좀 해봤는데, 어떻게 받아들이실지는 잘 모르겠어요.

원— 과학자들의 스캔들 같은 이야기를 하실 거죠?

욱— 뭐, 그런 이야기도 나올 수 있겠죠. 기대해보세요.

원— 네, 그럼 이제 시작하겠습니다.

욱— 1편의 『양자역학 콕 찔러보기』에서 양자역학은 기본적으로 원자를 이해하려는 학문이라고 말씀을 드렸고요. 왜 원자가 중요한지도 다 이야기했습니다. 다시 강조하자면 우리 주위에 있는 거의 대부분의 물질들이 원자로 이루어져 있기 때문입니다. 원자의 중심에는 원자핵이 있고, 원자핵은 플러스 전하를 띠고 있습니다. 그리고 마이너스 전하를 띠고 있는 전자가 원자핵 주위를 빙글빙글 돌고 있죠. 사실 이게 인류가 알아낸 가장 중요한 과학적 사실입니다. 파인만(1편 참조)도 인류의 전체 역사에서 가장 중요한 과학적 발견이라고 했죠.

그리고 제가 원자의 모습에 대해서도 이야기했는데, 원자는 거의 텅 비어있다고 했습니다. 그리고 전자가 두 개의 구멍을 지

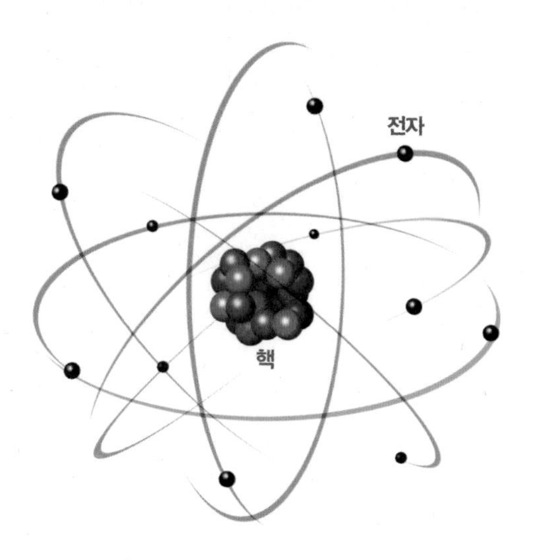

• 전자는 원자 내부에서 뱅글뱅글 도는 운동을 한다 •

나면서 무슨 일이 벌어지는가 하는 것에 집중했습니다. 실제 이렇게 양자역학이 탄생했던 것은 아니에요. 양자역학은 원자 자체에 대한 연구로 시작되었습니다. 나중에 다 이해하고 나서 제가 1편에서 설명한 것처럼 논리적으로 정리할 수 있다는 거였습니다. 오늘은 역사적인 순서를 따라가며 이야기해보려고 해요.

자, 이렇게 생긴 원자구조에서 전자가 원자핵 주위를 뱅글뱅글 돌고 있습니다. 물리에서 가장 중요한 것은 운동이라고 했잖아요? 원자 내부에서 전자가 어떻게 운동하는지 이해하는 것이 가장 중요한 것이죠. 이에 대해 첫 번째 아이디어를 낸 사람이 바로 닐스 보어입니다. 보어는 덴마크가 자랑하는 물리학자입니다. 덴마크의 수도가 코펜하겐이잖아요? 코펜하겐에서 보어를 중심으로 한 물리학자들이 양자역학의 해석을 만들었기 때문에 양자역학의 표준해석을 '코펜하겐해석'이라고 부릅니다. 만약 우리나라의 물리학자들이 서울에 모여 이런 비슷한 일을 했으면 '서울해석'이라고 했겠죠.

보어의 이론이 논문으로 출판된 해가 1913년입니다. 사진은 1963년에 보어원자이론 탄생 50주년을 기념해서 만든 우표입니다. 이 우표에 나온 단순한 그림이 보어 이론의 핵심을 짚어주고 있습니다. 잘 보면 점이 두 개 있습니다. 타원 안에 있는 점이 원자핵을 나타내고, 또 다른 점이 전자인데 타원 궤도를 돌고 있죠. 태양 주위를 도는 지구와 흡사한 모습이죠.

사실 보어가 이런 구조까지 알아낸 건 아니에요. 1911년 보어는 당시 물리학의 메카인 영국의 케임브리지 대학으로 공부하러 갑니다. 공부 좀 더 하고 와서 결혼하자며 약혼녀를 코펜하겐에

닐스 보어 닐스 보어Niels Bohr(1885~1962)는 원자 구조의 이해와 양자역학의 성립에 기여한 덴마크의 물리학자이다. 그 공로로 1922년에 노벨 물리학상을 받았다. 보어는 코펜하겐의 그의 연구소에서 많은 물리학자들과 함께 일했으며, 이 때문에 양자역학의 표준해석을 코펜하겐해석이라 부른다. 제2차 세계대전 중에는 나치하의 덴마크를 탈출, 미국으로 가서 원자폭탄 개발을 위한 맨해튼 프로젝트에 참여하기도 했다. 보어의 아들인 오게 닐스 보어는 그의 아버지처럼 유명한 핵물리학자가 되었으며, 1975년에 노벨 물리학상을 받아 부자가 노벨상을 수상하게 된다.

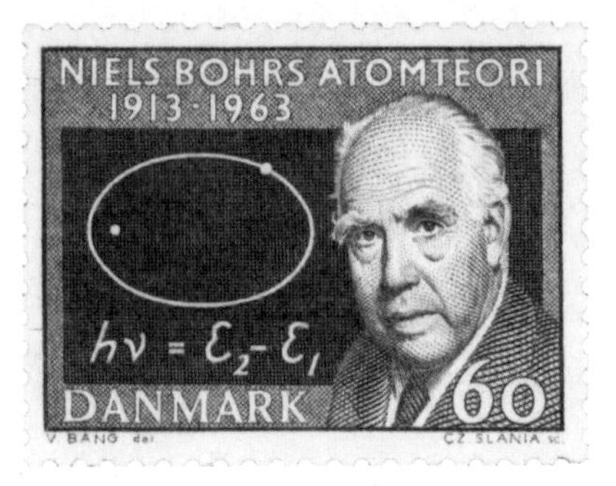

• 전자의 궤도는 태양주위를 도는 지구의 궤도와 흡사하다 •

놔둔 채 가는 거였죠. 케임브리지에는 전자를 발견한 톰슨이 있었는데, 그의 실험실에 갑니다. 거기가 그때 물리학의 중심지였습니다.

그런데 거기서 큰 실망을 합니다. 보어는 영어를 잘 못했습니다. 케임브리지는 영어를 못하거나, 영어를 해도 케임브리지 영어를 하지 않으면 인간 취급을 하지 않는 동네였습니다. 더구나

조셉 톰슨 조셉 톰슨Joseph John Thomson(1856~1940)은 영국의 물리학자로, 1897년 전자를 발견하여 원자구조의 연구에 획기적 전기를 마련했다. 톰슨은 뛰어난 실험물리학자일 뿐 아니라, 훌륭한 연구소관리자이기도 했다. 그가 있던 캐번디시연구소는 이후 세계 물리학의 중심지가 되며, 그의 제자 가운데 7명이 노벨상을 받는다. 톰슨은 1906년 노벨 물리학상을 수상했다. 이론을 경시했다는데, 덕분에 보어가 러더퍼드를 만나게 된다.

톰슨은 철저한 실험가라 보어 같은 이론가를 좋아하지 않았다고 합니다. 톰슨하고 연구하는 것도 잘 안 됐다는 이야기죠. 연구도 잘 안 되고, 영어를 못하니까 당연히 말도 많이 안 하는 무뚝뚝한 사람이 되었습니다. 이론 물리학자가 입을 닫고 있으면 할 일이 없다는 거죠. 큰 꿈을 안은 채, 결혼도 미루고 갔는데 얼마나 마음이 아팠겠어요? 그렇게 적응하지 못하고 헤매다가, 지인의 소개로 맨체스터 대학에 있는 러더퍼드에 대해 알게 됩니다. 당시 그가 양자 역학과 관련한 중요한 발견을 하고 있다는 이야기를 들을 겁니다. 그래서 케임브리지를 떠나 맨체스터로 옮겨갑니다. 맨체스터는 잘 아시다시피 축구선수 박지성이 뛰던 곳이지요.

맨체스터로 옮긴 것이 보어에게는 굉장히 중요한 결정이 되었죠. 보어는 러더퍼드와 굉장히 호흡이 잘 맞았어요. 러더퍼드는 뉴질랜드의 시골출신이죠. 지금은 뉴질랜드가 나름 알려진 나라

어니스트 러더퍼드 어니스트 러더퍼드Ernest Rutherford(1871~1937)는 뉴질랜드 출신의 과학자로, 원자구조를 밝히는 선도적인 실험을 수행했다. 캐나다 맥길 대학, 영국 맨체스터 대학의 교수를 거쳐 케임브리지 대학 교수 겸 캐번디시 연구소장을 지내고, 왕립연구소 회장을 역임했다. 방사성 물질의 연구로 1908년 노벨 화학상을 수상했다. 러더퍼드 하면 케임브리지를 떠올리는 사람이 많은데, 사실 러더퍼드의 주요한 업적은 대부분 그가 케임브리지에 오기 전에 이루어진 것이다.

지만, 100년 전에는 척박한 땅에 불과했습니다. 당시 뉴질랜드는 영국의 자치국이었고, 영국의 죄수들을 이주시켜 만든 나라였습니다. 러더퍼드는 거기서 태어난 농부의 아들이었어요. 그래서 영국 주류사회에 진입하지 못하고 겉돌다가 겨우 맨체스터에 와 있게 된 것이죠.

시골서 자란 러더퍼드는 운동을 잘하는 외향적인 사람이었어요. 보어도 마찬가지였죠. 특히 축구를 굉장히 잘했답니다. 사실 보어의 동생 하랄 보어Harald Bohr는 덴마크의 축구팀 국가대표선수였어요. 1908년 덴마크가 런던올림픽에서 은메달을 딸 때, 시상대에 오른 사람이죠.

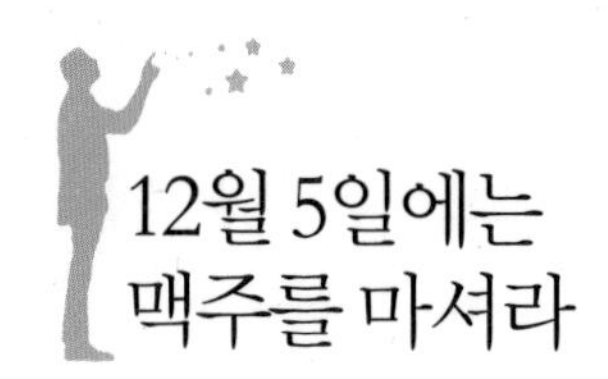

12월 5일에는 맥주를 마셔라

원— 지금 이거 다 외워서 말씀하시는 거예요?

욱— 대충 알고 있는 내용들이 많아요. 물론 이제 앞으로는 써온 걸 보면서 할 경우도 있을 겁니다. 아무튼 보어도 아마추어 축구 팀에서 골키퍼를 했대요. 그러니까 축구도 좋아하고, 운동도 잘하고, 외향적이어서 러더퍼드와 죽이 잘 맞았다는 겁니다. 그래서 여기서 중요한 일을 하게 되는 거죠. 앞에서 본 원자의 모습 기억나시나요? 이걸 처음 알아낸 사람이 러더퍼드고, 바로 그 자리에 보어가 있게 된 것이죠.

원— 같은 시기에 거기서 알게 되었다는 거죠?

욱— 네, 어떻게 보면 운이 좋았던 것이죠. 뭐, 역사라는 게 그렇죠. 보어는 거기서 러더퍼드의 실험결과에 기초하여 자신의 이론을 만듭니다. 그가 만든 이론은 아주 기묘합니다. 우선 러더퍼드의 원자모형에서 전자가 이렇게 원자핵 주위를 도는 것 자체는 놀랍지 않아요. 왜냐하면 지구가 태양 주위를 돌고 있잖아요. 이런 태양계 같은 구조는 놀라운 일이 아니란 이야기죠. 원자핵과 전자 사이에는 전기력이, 태양과 행성 사이에는 중력이 작용하고 있다는 것이 다를 뿐이니까요. 하지만 원자가 가진 여러 가지 특성을 설명하기 위해 보어는 아주 이상한 가정을 추가합니다.

자, 예를 들어서 설명해볼게요. 전자가 원자핵을 중심으로 이렇게 특정한 반지름을 지닌 채 돌 수 있을 겁니다. 이 전자가 조금 더 떨어진 곳에서도 돌 수도 있어요. 여기까지는 괜찮습니다. 그런데 문제는 지금부터입니다. 처음 전자가 돌았던 궤도와 지금 궤도는 전자가 돌 수 있지만, 그 사이에서는 전자가 돌 수 없다는 겁니다. 전자가 돌 수 있는 궤도에는 '정상상태'라는 이름을 붙입니다. 그렇다면 처음의 궤도에 있던 전자가 나중의 궤도로 갈 때는 이쪽에서 사라져 저쪽에 갑자기 나타나야 합니다. 중간에 있을 수 없으니까요.

이렇게 불연속적으로 움직이는 것을 '양자도약quantum jump'이라고 부릅니다. 이 두 궤도는 서로 에너지가 다릅니다. '에너지보존법칙'이 성립하기 위해서는 두 궤도의 에너지 차에 해당하는 빛이 밖으로 나가거나 들어오거나 해야 됩니다. 이것이 보어가 만든 이론의 전부입니다. 그런데 이유는 몰라요.

원— 방금 말한 부분의 포인트가 아마 '지구가 태양 주위를 돌다가 갑자기 화성의 위치로 간다'라는 것과 같은 게 아닌가 합니다. 이렇게 되려면 지구가 여행을 해야 하는데, 궤도가 점점 넓어지며 생기는 게 아니고, 지구가 갑자기 사라졌다가 다른 궤도에 갑자기 나타난다는 거죠?

욱— 그렇습니다. 이것을 '양자도약'이라고 부르는데, 이제는 사회과학에서 불연속적인 큰 변화를 지칭하는 용어로도 쓰입니다. 아이디어가 놀랍지만 그 이유가 없어요. 그냥 이렇게 가정하면 모든 것이 다 잘 들어맞는다는 겁니다. 그러니까 사람들이 얼마나 비웃었겠어요? 당연히 이 이론을 싫어한 사람들이 많았을 겁니다.

1914년 노벨상을 받은 막스 폰 라우에와 1943년 노벨상을 받은 오토 슈테른은 친구였는데, 당시에 둘이 이런 맹세를 한 적이 있답니다. "보어가 이따위 이론을 냈다는데 정말 어처구니가 없다. 이 이론이 맞으면 우리 둘 다 물리를 그만두기로 맹세를 하자." 그러고는 무엇을 걸고 맹세를 할 것인지 고민하다 "원자를 위하여"라고 했답니다. 물론 나중에 이 이론이 맞는 걸로 판명이 됩니

에너지보존법칙 에너지의 형태는 바뀔 수 있어도 에너지의 총량은 변하지 않는다는 물리 법칙을 말한다. 가령 태양의 빛 에너지가 광합성 작용에 의해 화학 에너지로 바뀐다 하더라도 그것이 가진 총 에너지 양은 변하지 않는다는 것이다. '열역학 제1법칙'이라고도 한다. 물리학자라면 다른 건 다 버려도 이것만은 버릴 수 없다.

다만, 둘 다 물리학을 그만두지는 않아요. 원자 말고 집 같은 걸 걸었으면 물리를 그만뒀을지도 모르죠.

1913년 완성된 보어의 이론은 계속해서 승승장구합니다. 물론 '정상상태'와 '양자도약'을 설명해야 되는 문제가 남아 있었죠. 이 일을 할 천재가 필요한 겁니다. 바로 하이젠베르크죠.

막스 폰 라우에 막스 폰 라우에Max von Laue(1879~1960)는 독일의 이론물리학자이다. 1912년 결정체에 의한 X선 회절 이론을 확립했으며, 이 이론으로 1914년 노벨 물리학상을 받았다. X선 회절은 오늘날 고체의 원자구조를 밝히는 가장 강력한 도구로 사용된다. 라우에는 나치의 반대자였으며 광학, 결정학, 양자이론, 초전도이론, 상대론 등에도 많은 기여를 했다.

오토 슈테른 오토 슈테른Otto Stern(1888~1969)은 독일 출신의 물리학자로, 전자의 스핀이 1/2임을 밝히는 슈테른-게를라흐 실험을 수행한 것으로 유명하다. 취리히, 로스토크, 함부르크 등에서 연구 활동을 하다가, 나치에 의해 추방되어 미국으로 건너가 미국인으로 귀화했다. 분자선을 연구했으며, 양성자의 자기 모멘트를 측정한 공로로 1943년 노벨 물리학상을 받았다.

베르너 하이젠베르크 베르너 하이젠베르크Werner Heisenberg(1901~1976)는 독일의 물리학자이다. 1925년 행렬역학을 발견하고, 막스 보른과 파스쿠알 요르단과 함께 양자역학의 수학적 구조를 완성시켰다. 특히 1927년에는 불확정성원리를 제안하여 코펜하겐 해석의 완성에 큰 기여를 한다. 또한 난류의 유체역학, 원자핵, 강자성, 우주선, 소립자의 연구에도 지대한 공헌을 했다. 지기 싫어하는 성격으로 유명하여 모든 것에 다재다능한, 흔히 말하는 '엄친아'였다고 한다. 하이젠베르크는 양자역학에 대한 공로로 1932년 노벨 물리학상을 수상했다.

• 독일 현대사를 엿볼 수 있는 하이젠베르크의 삶 •

하이젠베르크는 이미 『양자역학 콕 찔러보기』에서 '불확정성원리'를 만든 사람으로 소개되었어요. 하이젠베르크도 워낙 유명하니까 보어처럼 우표가 있습니다. 보시다시피 이 우표는 2001년에 만들어졌습니다. 하이젠베르크가 1901년생이니까 탄생 100주년 기념 우표인 거죠. 저는 대학생일 때 하이젠베르크를 양자역학의 아버지라고 생각했기에 굉장히 존경했습니다. 그래서 그의 생일인 12월 5일만 되면 친구들을 모아서 맥주를 마셨어요.

원— 정말요?

욱— 네, 주위에서 저희를 많이 비웃었죠. 그 당시만 해도 대자보를 붙이던 때잖아요?

원— 그렇죠.

욱— '오늘 하이젠베르크의 생일인데 술 먹을 사람은 학생회관 앞으로 모여라'하고 대자보 붙였더니 모든 학생들이 알게 되었죠. 대학교 2학년 때 이야기입니다.

원— 그래서 다른 학생들이 코웃음을 쳤겠군요.

욱— 지금 생각하면 안타까운 시절이었죠. 아무튼 하이젠베르크가 한 것은 바로 보어의 이론에 수학적 기반을 주는 것이었습니다. 하이젠베르크의 생애를 가만히 들여다보면 재미있는 점이 있어요. 1901년생이라는 것은 이 사람의 일생이 독일의 처절한 현대사와 오버랩 되어 있다는 뜻입니다. 여러분도 아시겠지만 20세기 독일에는 아주 처참했던 역사가 있었습니다. 하이젠베르크는 1차 세계대전 중에 10대를 보내게 됩니다. 히틀러가 집권했을 때 그의 나이 32세, 2차 세계대전이 시작할 때 39세였죠. 그러니까 독일 현대사의 질곡을 온몸으로 겪게 되죠. 그래도 다행이라면 다행인 게, 1년만 먼저 태어났어도 1차 세계대전의 전쟁터에 군인으로 징집되었을 겁니다. 하이젠베르크가 만 18세 되던 해에 1차 세계대전이 끝났으니 말이죠.

원— 음, 그렇군요.

숫자가 원자다

욱— 아무튼 하이젠베르크는 전쟁터에 가지 않습니다. 대신 부역을 하게 되죠. 이 사람이 얼마나 학구적이냐 하면 전쟁 때 동원되어서 농장에 가는데도 칸트가 쓴 『순수이성비판』을 가지고 갑니다. 나중에 한 글자도 못 읽었다고 일기에 썼죠. 일기에 보면 전쟁이 끝난 후에도 전쟁에 대한 환멸을 날마다 표현합니다. 특히 기성세대에 대한 반감을 드러내고 있죠. 자기보다 조금 나이가 많은 선배들은 전쟁터에서 다 죽었거든요. 우리가 쉽게 알 수 없는 감정을 지닌 세대예요. 이러한 기성세대에 대한 반감이 나중에 하이젠베르크가 기존의 물리학을 무시하고 엄청난 도약을 하는, 즉 기존의 모든 물리학자들이 한 번도 생각 못한 그런 혁명적 아이디어를 내는 데에 영향을 주지 않았을까 하는 추측을 해봅니다. 이건 순전히 제 생각이에요.

• 괴팅겐에서는 하이젠베르크가 별로 유명하지 않다 •

아무튼 하이젠베르크는 23살의 나이로 박사학위를 받고, 계약직 연구원 자리를 얻어 괴팅겐으로 가게 됩니다. 괴팅겐은 독일에서 과학과 수학의 중심지로 유명한 도시예요. 그가 거기에 있을 때 양자역학이 탄생합니다. 제가 독일에 있었을 때, 부푼 마음으로 괴팅겐을 방문했었습니다.

원— 네, 그러셨을 것 같아요.

욱— 괴팅겐에 도착하자마자 그곳에 사는 물리학자에게 물었죠. 하이젠베르크가 괴팅겐에 있을 때 머물렀던 숙소가 어디였냐고요. 그랬더니 아주 허망한 대답이 돌아왔습니다. 괴팅겐이라는 도시에서는 하이젠베르크가 별로 유명하지 않다는 거예요. 사람들이 그에 대해서는 시큰둥하대요. 왜냐하면 가우스라는 더 유명한 사람이 있었기 때문이랍니다.

원— 가우스라고요.

욱— 네. 그 유명한 가우스가 그 도시에서 대학을 다녔고, 30세부터 죽을 때까지 살았죠. 그래서 괴팅겐 사람들은 가우스를 그 도시의 가장 위대한 학자라고 생각하고 있어요. 하이젠베르크는 잠깐 와서 양자역학을 발견하고 돌아간 뮌헨 사람이에요. 미묘하죠. 어쨌든 이 시기 하이젠베르크는 보어와 많은 의견을 주고받았습니다. 보어가 있는 덴마크의 코펜하겐을 직접 방문하기도 했죠.

1925년 6월 하이젠베르크가 아주 심한 꽃가루 알레르기로 고생해요. 저도 똑같은 알레르기가 있어서 이것이 얼마나 고통스러운지 잘 압니다. 제가 하이젠베르크랑 닮은 유일한 것이죠. 하이젠베르크는 꽃가루를 피해서 섬으로 휴양을 갑니다. 바로 헬골란트Helgoland라는 섬으로, 지금은 돈 많은 사람들이 가는 휴양지

카를 프리드리히 가우스 카를 프리드리히 가우스Carl Friedrich Gauss(1777~1855)는 독일의 천재적인 수학자이자 과학자이다. 정수론, 통계학, 해석학, 미분기하학, 측지학, 전자기학, 천문학, 광학 등의 폭넓은 범위에서 많은 학문적 기여를 했다. 그런 여파로 아직도 수학과 전자기학, 천문학 등에서는 그의 이름을 딴 기호나 법칙들이 많이 있다. 우리에게는 그가 어린 나이에 1부터 100까지 더하는 문제를 순식간에 푼 일화로 유명하다.

• 이곳에서 하이젠베르크는 전자의 도약을 떠올렸다 •

입니다.

원— 독일에 있는 건가요?

욱— 네, 독일 북해에 있는 섬이죠. 독일을 내륙국가로 아시는 분도 있지만, 엄연히 바다에 접한 나라입니다. 어쨌든 하이젠베르크가 이 섬에서 휴양을 하다가 불쑥 양자역학을 발견합니다. 하이젠베르크가 발견한 것은 원자 안에서 움직이는 전자의 운동에 대한 거였죠. 보어가 이야기한 대로 전자가 한 궤도에 있다가 다른 궤도로 도약을 합니다. 사람들이 말도 안 된다고 하지만, 이렇게 했을 때 실험결과하고 잘 맞아요.

그는 여기서 중요한 질문은 던지게 됩니다. 다른 사람들이 왜 보어의 이론을 싫어할까? 그 이유는 전자가 여기 있다가 사라져서 저기에 나타났다는 게 너무나 이상하기 때문이죠. 보통은 여기와 저기 사이를 연속적으로 움직여야 하잖아요. 그렇죠?

원— 네.

욱— 그때 하이젠베르크는 이런 질문을 합니다. '전자를 본 사람이 있나?' 전자를 본 사람은 아무도 없어요. '그런데 왜 우리는 전자가 연속적으로 움직일 것이라고 생각을 하지?' 이어서 철학자 마흐의 말을 떠올립니다. 오늘은 제가 철학에 대한 많은 도움이 필요할 것 같은데요.

원— 제가 무슨 도움을 드릴 수 있을까요?

욱— 철학자 마흐가 이런 취지의 말을 했다고 해요. "과학이란 관측될 수 있는 것 혹은 관측된 것만 가지고 이야기를 해야 한다. 관측될 수 없는, 즉 사변적인 내용에 기반을 둔 것은 과학이 아니다." 하이젠베르크가 이 이야기를 머리에 떠올렸던 거죠. 즉, 관측 가능한 것만 가지고 양자역학 이론을 만들어야 한다는 겁니

에른스트 마흐 에른스트 마흐Ernst Mach(1838~1916)는 오스트리아의 물리학자이자 철학자이다. 그라츠, 프라하대학교를 거쳐 빈대학교의 교수로 재직하며 과학사와 과학론을 강의했다. 실증주의의 입장에서 독자적인 인식론을 개척했다. 직접 관측할 수 없는 원자, 분자의 존재를 부정하여, 기체분자운동론에 기반을 둔 볼츠만의 통계물리학을 공격하기도 했다. 음속을 표시하는 '마하'는 그의 이름에서 비롯된 것이다.

다. 이게 바로 도약이었던 거예요.

하이젠베르크는 곰곰이 생각합니다. 사실 우리는 개별 원자나 전자를 직접 본 적이 없어요. 우리 주위의 모든 것은 원자로 되어 있다고 했잖아요? 지금 여러분이 주위를 둘러볼 때 보이는 것은 다 원자가 내는 빛을 보는 거예요. 더 엄밀하게 말하자면 원자가 빛을 받아서 상호작용한 후 방출한 빛을 보는 겁니다.

그래서 하이젠베르크는 원자가 흡수하거나 내놓은 빛들, 정확히는 그 빛들의 에너지, 그 빛들의 에너지를 나타내는 숫자들, 그 숫자들로부터 끄집어낼 수 있는 정보만으로 원자를 기술해야 한다고 생각한 거예요. 그래서 놀랍게도 이렇게 생긴 숫자들의 나열이 원자라고 이야기합니다.

원— 뭐예요, 이 숫자들의 나열은?

욱— 숫자를 2차원으로 배열한 겁니다. 행렬이라고 부르는 건데, 이공계 수학을 하셨으면 기억날 겁니다. 이 행렬에서 대각선에 있는 숫자들은 그 원자의 에너지이고, 대각선 바깥쪽에 있는 숫자들은 하나의 원자 상태에서 다른 상태로 전이될 확률과 관련이 있는 겁니다. 그런 것들은 측정 가능합니다. 이것 이외에 측정할 수 있는 건 없습니다. 중요한 물리량들이 이런 식으로 기술된다면 어떤 일이 벌어질지 생각해본 겁니다. 어떻게 보면 고대 그리스 철학자 피타고라스로 돌아간 것 같아요. 이 숫자들이 바로 원자입니다. 그래서 우리가 하이젠베르크의 양자역학을 행렬역학

$$\begin{bmatrix} 1 & 2i & 0 & 0 & 0 \\ -2i & -1 & 3-i & 0 & 0 \\ 0 & 3+i & 0 & 1-5i & 0 \\ 0 & 0 & 1+5 & 1 & 4 \\ 0 & 0 & 0 & 4 & 3 \end{bmatrix}$$

• 하이젠베르크의 양자역학은 행렬역학 •

이라고 부릅니다.

하이젠베르크의 이런 도약이 새로운 양자역학의 핵심이 됩니다. 전자의 움직이는 궤도나 속도, 위치 이런 것들은 다 버리고 오로지 측정 가능한 양들만 가지고 이야기해야 한다는 것이 양자역학의 근본이라는 거죠. 그래서 많은 사람들이 1925년을 양자역학이 탄생한 해라고 생각합니다.

원— 여기서 조금 어려워졌죠? 굉장히 명쾌하게 설명을 잘하고 있는 것 같은데, 우리 머리는 아직 못 쫓아가는 거죠. 그렇죠?

대충 이렇게 생각을 하면 될까요? 그러니까 아까 지구와 태양 이야기를 했는데, 예를 들어 케플러가 행성의 운동법칙을 발견하든지 뉴턴이 중력법칙을 발견할 때에는 눈에 보이는 큰 물체가 움직이는 것을 보고, 또 그 궤도도 보이고, 물체가 떨어지는 것도 보이니까, 그것을 통해서 이제 여러 가지 법칙을 끌어낼 수 있고, 이렇게 해서 법칙을 자연의 세계와 맞추는 거였는데요.

원자의 세계는 우리가 실제로 볼 수 있는 게 아니니까, 결국은 지금 여기 나온 이야기처럼 숫자로 이해해야 한다는 거네요. 그 숫자판은 하얀 바탕에 1, −1, 0, 1, 3이 대각선으로 쭉 쓰여 있고, 위아래로는 이상한 숫자들이 있고 나머지 0만 채워져 있는 것이네요. 그래서 관측을 해서 연구에 접근하는 게 의미가 아예 없다 해서, 이렇게 숫자로 환원이 된다는 이야기인가요? 아니면 보다 더 심오한 의미가 있을까요?

욱— 무슨 말인지 잘 모르겠어요.

원— 이거 어떻게 하죠?

욱— 제 말이 듣는 사람에게는 이렇게 들리는군요.

원— 그러면 조금 쉬운 말로 다시 한 번 이야기해주신다면 어떨까요? 조금 덜 엄밀하더라도 좋으니까요.

욱— 그러니까 보통 우리가 운동이라고 하면, 물체가 움직이는 위치를 계속 눈으로 추적하면서 위치가 변하는 것을 볼 수 있습니다. 이건 우리가 위치를 측정할 수 있기 때문에 그렇게 할 수 있는 거죠. 그런데 만약 위치를 알 수 없는 대상에 대해서는 운동을 어떻게 기술할 수 있느냐 하는 거예요. 그러면 그 대상이 무엇이든 간에 그 대상으로부터 우리가 얻어낼 수 있는 것만 가지고서 이론을 만들어야 한다는 건데, 원자의 경우에는 그게 바로 이런 숫자들이라는 겁니다.

물론 이 숫자들 자체가 무엇인지 아주 중요하지는 않아요. 왜냐하면 하이젠베르크도 이 행렬로부터 아이겐벡터라는 다른 물리량을 끄집어내었지만, 그게 무엇을 의미하는지 모릅니다. 참 웃기는 일이죠. 그래서 이런 생각이 옳은 것인지 논쟁은 계속됩니다. 아직 이야기가 완전히 끝나지 않았다는 말입니다. 어쨌든 이렇게 하면 원자의 에너지들을 잘 기술할 수 있습니다. 그게 1925년의 상황이죠.

원— 제 이야기가 바로 그 이야기예요.

욱— 네, 그럼 맞습니다.

원— 네, 감사합니다.

바람둥이 물리학자

욱— 자, 여기서 또 한 명의 주인공이 등장합니다. 이 사진은 그 사람의 결혼사진이에요. 좀 볼품없죠? 누가 남자인지 아시겠어요? 그림 왼쪽에 있는 사람이 슈뢰딩거입니다.

원— 그 유명한 고양이 이야기의 슈뢰딩거요!

욱— 맞습니다. 바로 그 유명한 고양이 이야기의 슈뢰딩거입니다. 오른쪽에 있는 사람이 부인인데, 이때 슈뢰딩거 나이가 32세

에르빈 슈뢰딩거 에르빈 슈뢰딩거Erwin Schrödinger(1887~1961)는 오스트리아의 물리학자이다. 그 자신의 이름이 붙은 '슈뢰딩거 방정식'으로 유명하다. 아인슈타인과 더불어 양자역학의 코펜하겐 해석을 받아들이지 않았다. 양자역학의 모순을 지적하기 위해 고안한 '슈뢰딩거의 고양이'라는 사고실험을 제안하기도 했다. 사실 슈뢰딩거는 바람둥이로도 유명하다. 1933년 양자역학의 정립에 기여한 공로로 노벨 물리학상을 수상했다.

• 슈뢰딩거는 과학계 최고의 바람둥이 •

이고 부인은 23세였어요. 그런데 동갑내기처럼 보이죠? 암튼 슈뢰딩거의 이야기를 할 때 빠뜨릴 수 없는 뒷이야기가 있는데 그건 잠시 후에 하기로 하죠.

슈뢰딩거는 양자역학의 탄생에 엄청난 기여를 했어요. 하이젠베르크가 행렬의 숫자를 가지고 원자를 기술하자고 했을 때 물리학자들의 엄청난 반대에 부딪칩니다. 모두들 그걸 좋아하지 않았거든요. 사람들이 원했던 것은 이런 숫자들이 아니었어요. 제대로 된 이론이라면 전자가 어떻게 운동하는지 직관적으로 설명해주어야 한다고 믿었던 겁니다. 하이젠베르크가 제안한 그 행렬로부터 원자의 에너지를 정확히 구할 수 있다는 사실은 놀랍지만, 운동궤도 같은 것은 생각하지도 말라니. 너무하는 거죠. 이런 상황에서 슈뢰딩거가 또 하나의 양자역학을 만든 겁니다.

슈뢰딩거가 만든 양자역학이 저희가 지난 1편에서 설명했던 전자의 파동과 관련된 겁니다. 전자가 동시에 두 구멍을 지날 수 있는 것은 전자가 파동이기 때문이죠. 슈뢰딩거는 일단 그 의미가 무엇인지 따위는 미뤄둔 채 전자가 파동이라는 것을 인정하기로 합니다. 그리고는 전자의 파동을 기술하는 방정식을 만든 겁니다.

그 파동이 무엇을 나타내는 건지는 모르면서 만든 파동방정식이라. 이거 웃기는 일입니다. 그래서 양자역학은 수식이 먼저 만들어지고 나중에 해석을 하게 되는, 그런 기묘한 역사를 갖게 됩니다.

이제 미뤄둔 슈뢰딩거의 뒷이야기를 해보죠. 슈뢰딩거는 모든 물리학자, 아니 모든 과학자를 통틀어서 가장 유명한 바람둥이일 겁니다. 사진의 얼굴을 보면 보면 그렇게 생겼나요? 사실 이번에 강연준비를 하면서 슈뢰딩거의 사생활에 대해서 제대로 한 번 다뤄야겠다고 마음을 먹었습니다. 그런데 막상 준비하다 보니 그 내용이 너무나 방대해서, 도저히 정리할 수 없는 지경이 되었죠. 그래서 아주 간추리고 간추려서 핵심만을 말할 텐데 이게 슈뢰딩거에게는 굉장히 중요해서 그럽니다.

슈뢰딩거는 결혼하기 전에도 수많은 여자들이 있었어요. 그걸 어떻게 아느냐면 슈뢰딩거 자신이 상세한 기록을 남겼기 때문입니다. 그러니까 그는 여자들과 만난 것에 대해 대부분 기록으로 남겼답니다. 특별히 놀라운 사실은 그 여자와 어느 정도까지 사귀었는지까지 죄다 기록해놓았기 때문에, 심지어 어떤 여자와 잤는지 안 잤는지조차 알 수 있어요.

원— 물리학자들이 그런 게 좀 있죠. 무엇을 해도 그렇게 깐깐한 구석들이.

욱— 성급한 일반화입니다. 어쨌든 내용이 너무 많아서 핵심만 이야기할게요. 그의 첫 번째 상대는 로테 렐라라는 여성이었는데 첫사랑이니까 당연히 잘 안 되었죠. 그다음에는 엘라 콜베를 사귑니다. 그리고 슈뢰딩거의 진정한 사랑, 펠리시 크라우스를 만납니다. 하지만 펠리시와의 관계는 잘 안 풀립니다. 아마 이 때문에 슈뢰딩거에게 여성에 대한 트라우마가 평생 남은 것 같습니다. 그 이후 1920년에 안네마리Annemarie Berte를 만나서 결혼을 하게 되는데, 결혼생활이 별로 좋지 않습니다. 자식이 셋 있는데, 아 공식적으로 둘이에요. 자식이 몇인지도 좀 애매해요. 아무튼 이들 모두 자기 부인이 낳지 않았어요. 자식 셋을 모두 다른 여자들이 낳았죠.

원— 각기 다른 여자들이 낳았나요?

욱— 네, 각기 다른 여자들이 낳았습니다. 이런 와중에도 자신의 정식 부인인 안네마리와는 죽을 때까지 이혼을 하지 않았어요. 슈뢰딩거의 애인 가운데 이티 융거는 17세였는데, 임신하고 낙태를 하게 돼요. 슈뢰딩거는 이 와중에도 동시에 힐데그룬데 마르히라는 유부녀를 만납니다. 그 남편이 무지 싫어했겠죠. 사실

이 여자의 남편은 자기 동료이기도 해요. 힐데그룬데가 낳은 딸 루츠가 슈뢰딩거에게 끝까지 남게 됩니다. 아무튼 슈뢰딩거는 애까지 생겼으니 헤어지기는 애매하고 해서 같이 살게 됩니다. 자기 본부인이랑 이 여자랑, 그 딸과 다 함께 말이죠. 그러다가 힐데그룬데가 잠깐 자리를 비우면, 또 딴 여자를 만납니다. 옥스퍼드에 있을 때는 한지 봄이라는 여자를 만나고, 아일랜드에 있을 때는 셰일라 메이 그레네라는 배우를 만나는데 여기서 또 딸이 생깁니다. 이 딸은 자기가 키우지 못하고 셰일라의 남편이 이혼을 하고 데리고 가서 키우게 됩니다. 셰일라도 유부녀였단 이야기죠. 마지막 딸은 슈뢰딩거가 늙었을 때인데, 27세의 케이트 놀런(가명) 사이에 린다라는 딸이 생깁니다. 제가 일부만 간추린 것인데도 이 정도예요.

아마도 이 모든 여성편력은 진정한 사랑이었던 펠리시 크라우스Felicie Krauss와의 관계에서 비롯된 것이 아닐까 추측해봅니다. 둘은 정말 사랑했어요. 그런데 문제는 펠리시 크라우스의 집안이 굉장히 유력한 가문이었다는 거죠. 그래서 비공식적인 약혼 상태로 있었는데, 그 부모의 강력한 반대로 결국 헤어지게 됩니다. 그런 아픔 때문에 슈뢰딩거가 그 뒤로 여자를 사귈 때는 언제나 트라우마가 있었고, 그것이 아마 오히려 연구의 동력이 되었다고 저는 믿고 있어요.

1925년 겨울, 슈뢰딩거는 휴양도시 아로사로 크리스마스 휴가를 떠납니다. 거기서 슈뢰딩거 방정식이 만들어졌어요. 재밌는 것은 이때 혼자 여행을 한 게 아니란 거예요. 어떤 여자와 같이 갔는데, 그게 누구였는지 역사학자들이 굉장히 궁금해합니다. 그 여자가 어떤 역할을 했을지는 의문이지만, 아무튼 양자역학의 역사가 만들어지는 현장에 있던 불륜의 여성이죠. 뭔가 사람들이 좋아할만한 스토리가 나올 거 같지 않나요? 그런데 그 여자가 누구인지를 아무도 모릅니다.

원— 본인이 기록을 남기지 않은 거예요?

욱— 그 기간에 대한 기록은 전혀 없어요. 정말 재미있는 일은 그 별장, 그 호텔을 슈뢰딩거가 그 이전 해와 그 전전해에 계속해서 갔습니다. 즉, 1923년과 1924년에도 자기 부인과 갔었다는 거죠. 그런데 1925년에는 부인과 가지 않고 다른 여자하고 갔다는 것은 분명하답니다. 편지에 그 호텔에 간 기록은 남아 있는데, 호텔의 어느 방에는 묵었는지는 기록이 없어요.

원— 딴 데로 샌 건가요?

욱— 아무도 몰라요. 그러니까 아마도 그가 무언가를 조직적으로 은폐하려 했다는 정황이 보인다는 거죠. 어쨌거나 그때까지 그가 사귀었던 다른 여자들은 모두 알리바이가 있다고 합니다.

원— 아, 그렇군요.

욱— 분명히 누구랑 갔는지는 아무도 모르는데, 하여튼 그때 그곳에서 양자역학의 파동방정식이 만들어졌지요.

원— 혹시 남자랑 간 것이 아닐까요? 그런 방면으로는 아무도 연구하지 않았을 것 같아요.

욱— 이런! 정말 새로운 해석인 것 같은데요. 이 소재로는 책을 한 권 써도 될 것 같아요. 암튼 슈뢰딩거는 과학계 최고의 바람둥이입니다. 제가 몇 년 전 EBS 교재 『탐스런 물리II』의 양자역학 부분을 집필했어요. 그 교재에는 각 페이지마다 메인 텍스트 옆 날개 부분에 학생들의 관심을 불러일으킬 만한 짧은 이야기를 쓰게 되어 있어요. 제 딴에는 학생들 재미있으라고 슈뢰딩거의 바람기 이야기를 썼죠.

원— 그게 통과가 되었나요?

욱— 통과가 안 됐어요. 1차는 통과했어요. EBS 쪽에서 처음에는 안 될 것 같다고 했죠. 그러다가 일단 한번 시도나 해보자 해서 넣었는데, 결국 2차 심사에서 재고 요청이 들어왔어요. 그래도 무시하고 계속 밀어붙였더니, 3차에서 이건 도저히 안 된다고 해서 결국 못 실었습니다. 이걸 실었으면 좀 더 많은 학생들이 물리학과로 오지 않을까 하는 아쉬움이 조금 들기도 합니다.

어쨌든 1925년은 슈뢰딩거가 엄청난 열정(?)으로 큰 업적을 이룩한 해입니다. 그 자신의 이런 불륜의 생활 속에서도 논문이 계속 나옵니다. 정말 신기한 사람이죠. 이 경우는 과학적 연구를 위해서 정신적으로 안정된 환경이 필요하다는 말이 맞는지 모르겠어요. 어쨌든 슈뢰딩거는 1926년 양자역학의 두 번째 방법을 내놓습니다. '모든 것은 파동이고 양자도약 따위는 없다'라는 거죠.

기타를 '퉁' 하고 치면 기타 줄이 '웅~' 하면서 울리잖아요? 그 음이 '도' 라면 그 다음 어딘가를 손으로 누르고 치면 '미'같이 다른 음이 나올 수가 있어요. 줄의 길이가 울리는 음의 높낮이를 결정하는 겁니다. 정상파라 불리는 현상입니다. 원자도 이런 식으로 기타를 치는 거라고 생각해보자는 겁니다. 기타에서 줄의 길이가 적당히 맞는 조건에서만 나오는 음이 있듯이, 원자도 궤도의 길이가 특정한 길이를 만족할 때에만 존재할 수 있는 거죠. 보어가 가정한 '정상상태'란 것이 결국 전자 파동의 '정상파' 조건을 만족하는 상태라는 겁니다.

그렇다면 한 정상상태에서 다른 정상상태로 갈 때에는 '점프'하는 게 아니라 그냥 파동으로 연속적으로 변해갈 수 있습니다. 특히 슈뢰딩거가 만든 방정식은 물리학자들에게 아주 익숙한 '미분 방정식'이었어요. 여러분들은 싫어할지도 모르겠지만, 저희한테는 익숙한 것이었기 때문에 모든 물리학자들이 굉장히 기뻐했습니다. 아, 그래 전자는 파동이었어. 이걸로 끝이라는 겁니다.

그렇다면 하이젠베르크나 보어가 이야기하는 '양자도약'이라는 괴상한 개념 없이도 양자역학을 할 수 있다는 희망이 생긴 거죠. 슈뢰딩거는 한 걸음 더 나아가서 자기가 만든 방정식이 하이젠베르크가 만든 그 기괴하기 이를 데 없는 행렬역학과 수학적으로 동일하다는 것까지 증명을 해요. 그러니까 이제 게임이 끝난 거죠. 세상은 파동입니다.

하지만 지난번에 보셨듯이 양자역학이란 녀석은 보통 상대가 아닙니다. 이 정도로 모든 문제가 해결되었을까요? 여전히 대답하기 힘든 질문이 있어요. 슈뢰딩거 방정식이 기술하는 파동은 무엇의 파동인가 하는 거죠. 소리를 예로 들어보죠. 소리는 파동입니다. 공기가 진동하는 파동입니다. 공기 자체는 파동이 아니죠. 소리는 공기가 만드는 파동의 패턴일 뿐입니다. 좀 더 정확히 말하자면 공기의 밀도 혹은 압력이 만드는 패턴이 소리입니다. 파동은 반드시 무언가의 파동이어야 해요.

측정이 파동을 입자로 만든다

욱— 그런데 슈뢰딩거가 만든 파동방정식의 파동이 무엇을 기술하는지 만든 사람 자신도 모른다는 겁니다. 문제는 여전히 남아 있죠.

원— 글쎄, 전자는 일단 입자라고 생각이 들고요. 파동은 보통 매질이 있어야 하는데…. 지금 그 둘이 잘 연결이 안 되는 느낌입니다.

욱— 입자가 아닌 거 같다는 거죠?

원— 네, 파동이라 하면 입자가 아니라는 생각이 드는데요.

욱— 네, 입자가 아니라는 겁니다. 전자는 입자가 아니기 때문에 이렇게 이동할 수 있는 거고, 여기저기 있을 수도 있는 겁니다. 그냥 파동이라고 하면 모든 것이 해결된다는 거죠. 남은 문제는 왜 전자가 입자같이 행동하느냐는 겁니다. 그러니까 하이젠베르

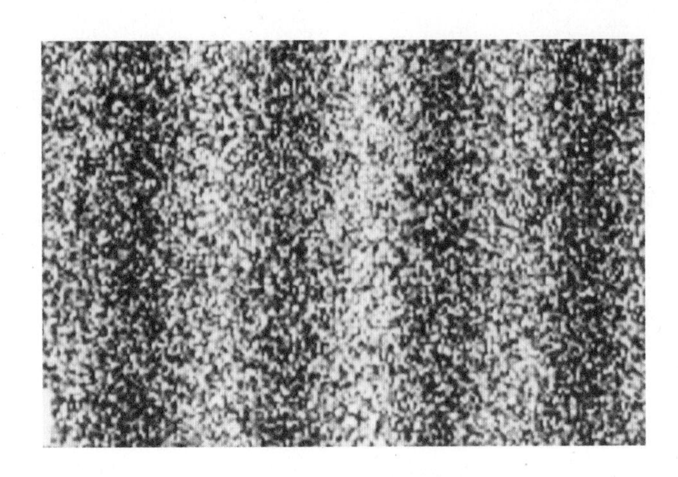

• 점은 입자성을, 줄무늬는 파동성을 나타낸다 •

크하고는 반대의 문제가 있는 거라고 볼 수 있습니다.

자, 이제 한쪽에는 모든 것이 연속적으로 행동하는 슈뢰딩거의 파동이론이 있고, 다른 한쪽에는 입자이지만 도약을 하는 하이젠베르크와 보어의 이론이 있습니다. 어떤 것이 맞을까요? 아인슈타인을 비롯한 다수의 물리학자는 당연히 슈뢰딩거를 지지합니다.

다시 이중슬릿실험으로 돌아가 볼까요? 두 개의 슬릿을 지난 전자는 파동의 특성인 간섭무늬를 보입니다. 슈뢰딩거의 말에 따르면 파동처럼 행동한 거니까 여기까지는 괜찮습니다. 문제는 스크린에 보이는 간섭무늬가 여러 개의 점들로 이루어져 있다는 거죠. 하나의 전자를 보내면 하나의 점만 찍힙니다. 그러니까 전자는 분명 입자예요. 파동방정식은 이런 전자의 입자성을 설명할 수 없습니다.

여기서 보어가 다시 이야기를 하죠. 파동이 스크린에 부딪쳤을 때, 입자로 바뀐다는 것은 말이 안 되잖아요? 원래부터 입자였던 겁니다. 스크린에 부딪치기 전까지는 파동과 같이 행동을 하는 것뿐이죠. 스크린에 닿을 때, 즉 측정을 당할 때 무언가 급격하게 변한 겁니다. 이게 바로 불연속적 양자도약이죠. 이중슬릿실험을 보면 전자가 파동성을 가지고 있는 것은 맞지만, 실험 결과를 해석할 때에는 도약을 반드시 필요로 한다는 거예요.

그래서 1926년 '양자도약'이 있는지 없는지가 중요한 이슈가 됩니다. '양자도약'이 있다고 가정을 하면 입자들은 제각각 확률적으로 이렇게 스크린에 찍히면서 간섭무늬 같은 모습이 나온다는 거죠. 따라서 도약이 있고 확률적으로 행동하는 입자인지, 아니면 파동인데 이유는 모르지만 그 파동이 어느 순간 갑자기 입자로 바뀌는 것인지 하는 문제가 남아 있는 겁니다.

원— 지금 말씀한 것은 보어와 하이젠베르크 계열은 입자인데 도약을 하는 그런 방향으로 밀고 나가고 있고, 슈뢰딩거는 이게 파동인데 입자처럼 행동을 하는 것이라는 쪽으로 서로 주장이 부딪치고 있는 상황이죠?

욱— 맞아요. 슈뢰딩거의 파동이론으로 설명하기 어려운 것이 있습니다. 앞서 이야기한 이중슬릿실험을 다시 생각해보죠. 전

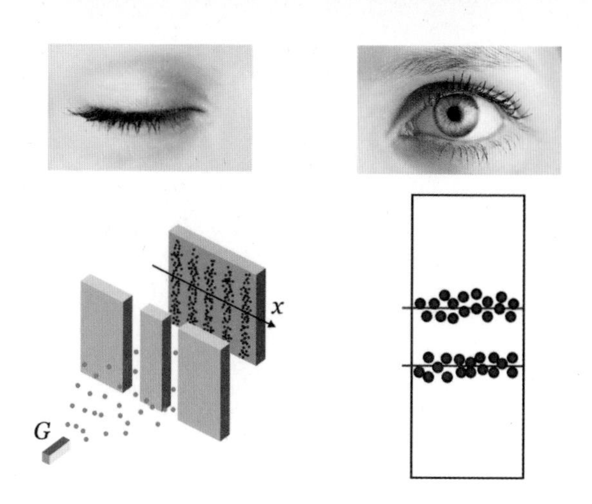

• 전자는 측정에 의해 파동이 되기도 하고 입자가 되기도 한다 •

자는 파동이라서 두 개의 구멍을 동시에 지날 수 있습니다. 보어나 하이젠베르크의 해석에서는 전자가 입자지만 두 개의 구멍을 동시에 지난다고 주장합니다. 대체 하나의 입자가 동시에 두 개의 구멍을 지난다는 것이 말이나 됩니까? 막상 전자가 어느 구멍을 지나는지 눈을 부릅뜨고 보면, 전자는 하나의 구멍만을 지나갑니다. 이때는 스크린에도 두 개의 띠, 그러니까 입자의 결과가 나오죠. 전자의 파동성을 보려면 전자가 구멍을 지날 때 어느 구멍을 지나는지 관측하지 말아야 합니다. 즉, 전자를 보는 행위가 전자가 입자처럼 행동할지 파동처럼 행동할지 결정한다는 겁니다.

전자의 이런 행동에 대해서는 슈뢰딩거가 제대로 답을 할 수 없어요. 결국 보어의 해석이 필요해집니다. 측정이 대상을 변화시킨다는 거죠. 측정을 하지 않았을 때는 그냥 파동성을 가지고서 전자가 두 개의 구멍을 동시에 지나지만, 측정을 하면 그 행위 자체가 전자에 영향을 주어서 입자로 바뀌게 된다는 겁니다. 측정이라는 인간의 행위 아니면 측정을 해야겠다는 의지일 수도 있는데, 이런 것이 물리적 대상에 영향을 주는 거죠. 어떻게 보면 관념론같이 보이기도 합니다. 물리학자들에게는 굉장히 기분 나쁜 것이죠.

다시 강조하지만 이것이 양자역학을 이해하는 데 있어 가장 중요한 개념입니다. 한마디로 정리해서 '측정이 대상을 변화시킨다'라는 거죠.

원— 나중에 이야기를 하겠지만 양자역학 전까지는 우주는 우주고, 사과가 떨어지는 건 사과가 떨어지는 거고, 지구가 태양을 도는 것은 그것을 보든 말든 아무 상관없이 객관적으로 존재하는 세계라고 생각을 했는데, 여기서부터는 본다는 행위가 사실상 객체의 성질에 관여하게 되는 거라는 이야기죠?

욱— 맞습니다. 그러니까 우주를 나누어 생각할 수 없다는 이야기가 될 수도 있죠. 사실 서양 과학에서 관측자와 관측당하는 대상은 원래 잘 분리되어 있었어요. 기본적으로 이런 분리개념에는 환원주의라는 기반이 깔려 있습니다. 사실 환원주의야말로 서양 과학이 성공할 수 있었던 가장 중요한 요소라고 할 수도 있습니다. 대상을 그 하위 요소로 잘게 쪼개고, 단순한 요소에서 얻어진 결과들을 모아서 전체를 다 이해할 수 있다는 생각이죠.

예를 들어, 어디가 아프면 우선 아픈 부분에만 집중합니다. 만약 거기 병원균이 있다면 그것을 제거하면 병이 낫는 것이죠. 그 부분이 비정상이면 그것만 바로잡으면 됩니다. 이에 비해서 동양은 예로부터 모든 것이 다 얽혀 있어서 전체적으로 다루지 않으면 이해할 수 없다고 생각합니다. 하나만 끄집어내면 전체를 알 수 없다는 것이죠. 서양에서는 한 사람을 이해할 때 그 사람 자체에 집중합니다. 동양에서는 개인도 중요하지만, 그 사람이 전체 안에서 차지하는 위치나 영향력 같은 것에 큰 의미를 두는 경향이 있죠.

어쨌거나 서양 과학은 기본적으로 쪼개고, 쪼개고, 또 쪼개서 근본단위를 얻고, 이로부터 전체를 이해할 수 있다는 입장입니다. 여기에는 쪼갤 수 있다는 가정, 분리해도 괜찮다는 가정이 들어 있는 겁니다. 여기에는 관측자와 관측당하는 대상도 포함됩니다. 하지만 양자역학은 관측자와 관측대상을 분리할 수 없다고 이야기하는 겁니다.

원— 네.

욱— 이게 워낙 이상한 이야기라 예를 하나 더 들어 볼게요. 1925년 하이젠베르크가 양자역학을 만들었을 때, 그 자신조차 양자역학을 완전히 이해하지 못했습니다. 하지만 2년이 지난

1927년쯤에는 자신의 이론이 가진 약점들을 방어할 수 있는, 특히 보어가 주장한 '양자도약'이나 측정에 의한 교란 같은 것을 설명할 수 있는 근본적인 원리를 내놓습니다. 바로 '불확정성원리'입니다.

'불확정성원리'는 말 그대로 어떤 물리량들을 정확히 결정할 수 없다는 것이죠. 이런 원리가 나오는 이유는 우리가 대상에 대해서 알려고 할 때 필연적으로 교란을 하기 때문입니다. 물리적으로 정확히 이야기하자면, 위치를 알려고 할 때 속도가 교란되는 겁니다. 여전히 어려우시죠?

예를 들어 설명해보겠습니다. 자, 여기에 아이스크림이 있다고 해봅시다. 아이스크림의 맛을 알고 싶어요. 그러면 아이스크림의 일부를 떼서 입에 넣어야만 그 맛을 알 수가 있겠죠? 자, 그렇다면 아이스크림을 조금도 먹지 않고, 그러니까 아이스크림에 전혀 변화를 주지 않고 그 맛을 알 수 있을까요?

원— 여러 가지 생각들을 하는 것 같아요. 겉으로 티 안 나게 혀만 살짝 대본다든가 하는 식으로요.

욱— 혀만 살짝 대서 아주 조금만 먹었어도 현미경으로 본다면, 또는 100만 분의 1그램까지 측정할 수 있는 정밀한 저울로 그 차이를 재면 변화를 알 수 있겠죠. 아이스크림은 이해가 쉬우실 텐데, 우리가 보는 것에 대해서는 좀 다른 것 같아요.

본다는 것은 빛이 물체에 부딪혀 튀어나온 후 우리 눈에 들어

오는 것입니다. 빛이 물체에 부딪히는 동안 교란이 전혀 없을 수는 없어요. 물론 대부분 물체는 너무 무거워서 빛에 맞더라도 별 영향을 받지는 않는 것처럼 보이지만 말이죠. 아이스크림을 맛볼 때에도 아이스크림을 교란하지 않을 방법이 없는 것처럼, 어떤 물리량일지라도 측정을 하려면 그 대상을 아주 조금이라도 교란할 수밖에 없다는 겁니다. 교란의 양이 얼마나 되는지를 정량적으로 표시한 것이 이 수식입니다. 교란을 아무리 작게 하더라도 더 이상 작게 할 수 없는 한계를 표현하는 식이죠.

$$\Delta x \Delta p \geq h$$

교란이란 것은 속성상 예측할 수 있는 것이 아닙니다. 즉, 측정하는 중에 일어난 교란 때문에 어떻게 변할지 알 수 없다는 이야기입니다. 따라서 결과를 확률로 이야기할 수밖에 없죠. 그래서 양자역학은 비결정론으로 가는 겁니다.

사실 양자역학의 모든 핵심 개념들을 잘 추적하면 '불확정성원리'로 연결된다는 것이 바로 하이젠베르크의 주장입니다. '모든 길은 불확정성원리로 통한다'라고 할 만하죠. 이것이 바로 1927년 확립된 양자역학의 표준해석인 '코펜하겐 해석'의 핵심입니다. 후려쳐서 말하자면 모든 것이 다 여기서 나온다고 할 수 있습니다. 그래서 양자역학은 비결정론이고, 전자의 궤도나 위치를 알 수 없어요. 하지만 확률로 기술할 수는 있죠.

중요하니까 다시 말하겠습니다. 측정을 하면 대상이 변합니다. 측정에 따른 교란이 있기 때문이죠. 그래서 원래 파동이었던 것이 측정을 당하면 입자로 바뀌는 일이 가능하게 됩니다. 이것에 동의하시나요?

원— 지금 물통을 보고 있다고 하면 물통도 빛 때문에 아주 조금이나마 교란이 되고 있는 거죠? 아주 작기는 하지만 교란이 일어나고 있는 거죠?

욱— 그렇죠.

원— 그런데 그 교란이 소립자 차원으로, 전자 차원이 되면 훨씬 많이 영향을 받는다는 것이죠? 우리가 측정하는 물체가 작으면 작을수록 측정 에너지가 교란을 불러일으킨다는 거죠? 마치 전자현미경으로 관찰하기 위해서는 센 것을 쏴야 하고, 그러면 그것이 계속 튕겨 움직이니까 저 위치와 운동량을 동시에 측정이 하기란 어렵다는 이야기인 거죠?

욱— 그렇습니다.

양자역학, 아인슈타인의 공격을 받다

원— 여담으로 이야기하면 이게 빛을 쬐는 것에도 반응해서 실제로 움직인다고 하더라고요. 요즘에 소행성 문제 대응방안에 이런 것도 있다고 하더라고요. 소행성들 가운데 때로는 아주 위험하게 지구 가까이 오는 것들이 있어요. 그래서 이것들의 궤도를 변화시켜야 하는 방법을 생각하고 있죠.

영화 〈아마겟돈〉을 보시면 소행성이 지구와 충돌하려 하자 핵무기를 소행성에서 폭파시키잖아요. 그런데 그런 것은 실제로는 잘되지 않고 돈도 너무 많이 들고 해서 미국에 유학 중인 한국 학생이 아이디어를 낸 게, 흰 페인트를 로켓에 싣고 가서 이 소행성에다 뿌리면 궤도가 바뀐다는 겁니다. 태양의 빛 때문에 그렇게 된답니다. 거기는 우주니까 태양빛이 물론 지구보다 훨씬 세겠죠. 그 태양빛이 소행성을 밀어서 궤도가 살짝만 바뀌어도 한참 지나서는 지구와 많이 멀어지게 되는 거죠. 그렇게 해서 충돌을 피할 수 있다는 아이디어가 상을 받았어요.

괜한 이야기가 아니라 이런 정도로 우리는 생각하지 못하지만 실제로는 빛이 물체 큰 영향을 주고, 그게 소립자 차원이 되면 그 영향이 아주 분명하게 드러나는 거겠죠?

욱— 네, 맞습니다. SF를 보면 광자 추진 엔진이라는 것이 종종 나옵니다. 빛은 파동이지만 광자라는 입자이기도 합니다. 전자와 마찬가지로 빛이 갖는 이중성이죠. 그렇기 때문에 빛을 내보내는 것만으로도 마찰이 없는 진공에서는 움직일 수 있습니다. 영화 〈그래비티〉를 기억하시나요? 우주 공간에서 움직이려면 무언가를 밖으로 던져야지만 그 반작용으로 움직일 수 있거든요. 보통은 물건을 던지지만 빛을 내보내도 역시 반작용이 작용합니다. 빛도 맞으면 아프다는 이야기죠.

그런데 양자역학의 측정에 대한 이런 이야기를 오해하는 경우가 많은 거 같아요. 나를 쳐다보는 사람이 많아지면 그 관측의 결과로 견디기 힘들어진다고 생각하는 사람들이 그런 경우죠. 물론 이런 건 아닙니다. 양자역학적 측정효과는 당연히 굉장히 작은 세계에서만 나타나게 됩니다. 아까 본 식의 오른쪽에 'h'라고 쓴 숫자가 교란의 크기를 나타내는 것인데, 그 숫자가 사실 너무 너무 작아요. 그래서 측정에 의한 교란은 원자처럼 작은 세계에서만 중요하고, 우리가 사는 세계에서는 별로 중요하지 않죠.

• 이들 중에서 17명의 노벨상 수상자가 배출되었다! •

어쨌든 이로써 양자역학은 수학적으로나 해석에 있어서나 나름 완결된 형태를 갖추게 됩니다. 이제 남은 일은 이 새로운 체계에 반대하는 기존의 물리학자들과 한바탕 싸우는 것이죠. 슈뢰딩거와 아인슈타인을 포함한 일부 과학자들은 여전히 이 이론이 너무 괴상하다고 생각해서 받아들이지 않습니다.

결국 1927년 '솔베이 컨퍼런스Solvay Conference'라는 유명한 물리학회에서 이 두 그룹이 격돌하게 됩니다. 여기서 '솔베이'는 사람 이름입니다. 그는 돈 많은 기업가였는데, 과학자들이 모여서 당대의 가장 중요한 문제를 토론하도록 학회 개최비용을 모두 부담했습니다. 우리나라도 돈 많은 사람들이 이런 데에다 돈을 쓰면 좋을 것 같은데요.

원— 그러게요.

욱— 여기 사진에 있는 것처럼 학회에는 29명의 과학자가 참석합니다. 이 가운데 무려 17명이 노벨상 수상자였거나 앞으로 노벨상을 받을 사람들입니다. 사진의 한가운데 있는 아인슈타인은 너무나 유명해서 잘 아실 것이고, 아인슈타인으로부터 왼쪽으로 두 번째 앉은 사람이 유일한 여성 과학자인 마담 퀴리, 퀴리 부인입니다.

원— 머리가 하얀 분이요?

욱— 네. 남자로 오해하시면 안 됩니다. 지금까지 나온 사람들, 즉 보어, 하이젠베르크, 슈뢰딩거가 모두 다 이 사진에 있습니다.

이 학회의 원래 주제는 '전자와 광자'였습니다. 암튼 여기서 아인슈타인과 보어가 양자역학의 해석을 놓고서 격돌을 벌이게 되죠. 에렌페스트라는 과학자가 이 학회에 대해 자세한 기록을 남겼기 때문에, 회의 기간 중 사람들 사이에 오고 간 이야기를 상세하게 알 수 있습니다.

그 기록을 보면 아인슈타인은 회의 기간 동안 조용히 있다가

파울 에렌페스트 파울 에렌페스트Paul Ehrenfest(1880~1933)는 오스트리아 빈 태생의 이론물리학자이다. 통계역학과 양자역학에 많은 기여를 했으며, 에렌페스트 정리를 증명했다. 1912년부터 네덜란드 레이던대학 교수로 재직한다. 우울증에 걸려, 다운증후군을 앓던 아들을 총으로 쏘고 자신도 자살하는 불운한 죽음을 맞는다.

마지막 날 양자역학을 공격합니다. "파동이었던 것이 측정하는 순간 입자로 바뀌는데, 여기서 도대체 무슨 일이 일어나느냐"라는 질문들을 한 거죠. 특히 불확정성원리, 즉 측정이 대상을 교란시킨다는 것에 대해서도 '이렇게 하면 교란하지 않을 수도 있잖아' 하면서 계속 질문을 던졌다고 합니다.

남아 있는 기록을 보면 보어가 이 모든 질문과 공격을 다 막아냅니다. 학회가 끝날 때쯤 되어서는 참석했던 대부분의 과학자들이 보어가 이겼다고 생각을 하게 되죠. 그래서 지금은 이 학회를 양자역학의 코펜하겐해석이 학계에 공식적으로 인정받은 시점으로 여깁니다. '1927년에 이르러 양자역학이 완전히 확립되었다'라고 할 수 있다는 겁니다.

뒷이야기인데, 보어는 굉장히 철학적이어서 이야기를 하면 아무도 이해할 수가 없었다고 해요. 보어 자신도 철학적으로 말하는 것을 무척 좋아했고요. 그는 항상 카리스마와 자신감이 넘쳤으며, 혼자서 몇 시간이라도 떠들 수 있는 그런 타입이었죠. 에렌페스트는 "보어야말로 이 컨퍼런스의 진정한 승자다"라고 기록했어요.

그의 자신감 넘치는 철학적 논변에 모두 주눅이 들었지만, 아무도 그의 말을 이해할 수 없었다고 해요. 보어의 전략은 한 사람씩 붙잡고 상대가 졌다고 할 때까지 설득하는 겁니다. 누가 반대하면 몇 시간씩 이야기를 해서 결국 '네가 맞다'라고 할 때까지 괴

• "코펜하겐해석 만세!" vs "신은 주사위를 던지지 않는다" •

롭히는 거죠. 보어가 카리스마 넘치는 사람인 것은 맞았지만, 자신의 생각을 차근차근 논리적으로 푸는 그런 능력은 부족했던 것 같아요.

어쨌든 이 학회가 끝났을 때, 양자역학의 해석에 대해 골머리를 앓았던 참석자들이 '코펜하겐해석 만세!' 하면서 흩어집니다. 코펜하겐해석에 반대했던 아인슈타인은 마음이 굉장히 아팠겠죠. 그래서 "신은 주사위를 던지지 않는다"라고 말했다고 합니다. 얼마나 마음이 상했으면 그런 이야기까지 했을까 싶어요.

어쨌거나 보어와 아인슈타인은 많이 싸우기도 했고, 이렇게 다정히 함께 있는 사진을 남기기도 했습니다. 결국 승리는 보어에게 가는 듯싶습니다. 대다수의 물리학자는 코펜하겐해석을 따라갑니다. 지금 물리학과에서 가르치는 대부분의 양자역학 교과서도 이 해석에 기반을 두고 있습니다.

양자역학은 '측정하기 전 그 대상에 대해서 아무것도 알 수 없다'라고 이야기합니다. 양자역학의 탄생에 가장 중요한 기여를 한 과학자 중 한 사람인 파울리는 '양자역학에서 측정은 실체를 만들어내기까지 한다'라고 말합니다. 측정 전에는 실체가 없었는데 측정하면 실체가 만들어진다는 이야기죠. 나중에 다시 '실체'가 무엇인지에 대해 이야기할 겁니다.

양자역학적 측정의 이런 기괴함에 대해 아인슈타인은 질문을 던집니다. "내가 달을 보지 않으면 달이 없는 것이냐? 내가 달을 보는 순간 거기에 달이 만들어지는 것이냐?" 양자역학은 확립되었지만 아직 해결되지 않은 의문은 남아 있습니다. 이것들은 중요한 화두가 되어 결국 양자역학을 흔들게 됩니다.

볼프강 파울리 볼프강 파울리Wolfgang E. Pauli(1900~1958)는 오스트리아의 이론물리학자로 뮌헨대학교에서 박사학위를 받았다. 제2차 세계대전 중 미국의 프린스턴 고등연구소에서 객원 교수를 지냈다. 젊은 나이에 상대성이론에 대한 책을 써서 일약 스타가 된다. 하이젠베르크와 평생 친한 친구였으며 양자역학의 탄생에 많은 기여를 한다. 특히 양자역학적으로 두 개의 전자가 동일한 상태에 있을 수 없다는 배타원리를 발견했다. 1945년 노벨 물리학상을 받았다.

원— 사실 상식적으로 누구나 측정이 상황을 바꿔놓는다는 이야기를 들었을 때, 그래도 측정을 하지 않으면 궤도를 그대로 돌고 있지 않겠느냐는 생각을 하게 될 것 같습니다. 그런데 아인슈타인 역시 아마 그 상식적인 생각을 계속 유지하려고 했던 것 같은데, 나중에 실체 이야기를 할 때 또 설명해주겠죠?

욱— 네. 그 이야기가 오늘의 핵심적인 내용인데요. 지금은 이해하지 않으셔도 상관없습니다. 곧 그 이야기를 한참 할 테니까요. 이게 가장 중요한 포인트라서 그래요. 반복되는 이야기이지만 측정을 이해하는 것이 양자역학에서 가장 중요한 겁니다. 한마디로 측정이 대상을 교란시킨다는 거죠.

하도 듣다 보니 그럴 것 같다는 생각이 들지 않으세요? 그래도 아주 정밀하게 측정하거나, 누군가 굉장히 뛰어난 아이디어를 내서 교란하지 않고 측정할 수 있지 않을까 하는 생각이 드는 것도 사실입니다. 아까 아이스크림 이야기를 들었을 때, 건드리지 않고 맛을 볼 수도 있지 않을까 하고 생각하지 않으셨나요? 암튼 여기까지가 『양자역학 콕 찔러보기』에 대한 정리입니다.

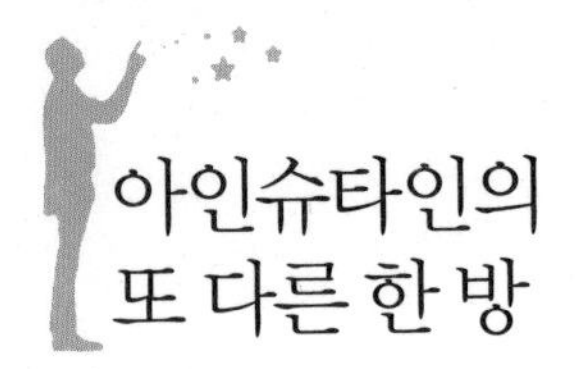

아인슈타인의 또 다른 한 방

욱— 자, 이제부터 아인슈타인이 제기한 실체의 문제를 다룰 겁니다.

원— 지금 쟁점은 그거잖아요. 관측이라는 것의 의미, 그 의미라는 게 과학자들 같은 경우는 관측을 해서 대상이 변하냐 안 변하냐 하는 것에 포인트를 두지만, 과학자가 아닌 사람들은 사실 관측 행위의 의미가 어디까지인지는 느끼지 못해요.

그러니까 과학자들은 당연히 관측이라는 게 전제조건이라 생각하지만, 보통 사람들은 관측을 안 해도 세상은 그대로 있다고 생각하죠. 계속 그런 식으로 생각하기 때문에 지구에 아무런 생명체가 없어서 아무도 달을 보지 않더라도 달은 그대로 있다고 생각합니다.

물체는 관측하고 상관없이 존재하고 있다고 관념적으로 생각하기 쉬운데, 일단 여기서 전제가 되는 것은 적어도 과학적인 방식에서는 무엇인가가 존재한다는 것을 안다는 것은 그것을 어떤 식으로든 관측했을 때 의미가 있다는 전제가 바탕에 깔려 있다는 거죠. 그렇죠?

욱— 죄송하지만, 무슨 말인지 모르겠어요.

원— 아, 제가 지금 머리 나쁜 보어가 돼가고 있나 봅니다.

욱— 정확히 그렇게 돼가고 있는 거 같아요.

원— 아, 네!

욱— 이제 양자역학에 가까워지고 있는 거예요.

원— 결국 제가 이기게 되는 건가요?

욱— 그렇습니다.

원— 감사합니다. 그러니까 제 의문은 이런 것이었어요. 저는 깊이는 모르지만 어려서부터 봐왔으니까 처음 접했을 때는 어처구니가 없었죠. 관측 행위라는 게 이렇게 중요하다고 이야기를 하는데 그게 왜 중요한 것인지도 잘 모르겠거니와, 아인슈타인이 의문을 가졌던 것처럼 관측을 안 한다고 저기 없지는 않지 않냐는 식으로 생각을 하게 되는데, 과학자들 입장에서는 관측을 통해서 검증이 되지 않은 것은 논할 가치조차 없는 그런 영역이기도 하잖아요?

욱— 사실은 아까 제가 딴 생각하느라 제대로 못들었어요. 죄송합니다. 아무튼 이건 가치의 문제가 아니에요. 관측을 안 했는데 거기에 진짜로 있는지 어떻게 아느냐 하는 간단한 겁니다. 알 수 없는 걸 가지고 존재한다는 것처럼 이야기를 한다는 건 이미 과학이 아니라는 겁니다.

원— 이게 과학의 기본 전제잖아요. 그런데 일반인들은 또 그렇게까지 생각을 하지 않거든요.

욱— 관측하지 않은 것에 대해서 그 존재 여부조차 알 수 없다는 것은 사실 과학의 기본 전제라고 볼 수도 있습니다. 보지 않은 걸 믿지 않는 거죠. 이게 그냥 과학자들의 믿음 같은 거라고 생각하기 쉽지만, 그렇지 않아요. 양자역학, 아니 우주가 그렇게 굴러간다는 겁니다. 과학자들도 이걸 좋아하지 않았어요. 왜냐하면 무슨 관념론 같잖아요. 사실 처음엔 저도 거부감이 좀 있었습니다. 무언가 우리의 의식이나 의지 같은 게 거기에 관여하는 것 같은 느낌이 약간 있어서 그래요.

원— 네, 그렇군요. 그럼 계속 이야기를 해주시죠.

욱— 전반부의 핵심은 측정이 대상을 바꿀 수 있다는 겁니다. 이제 후반부 이야기를 시작할 텐데, 여기는 〈매트릭스〉로 시작해서 〈매트릭스〉로 끝날 겁니다.

원— 재미있을 것 같죠?

욱— 저는 〈매트릭스〉라는 영화가 정말 좋은 영화라고 생각해요. 재미도 재미지만, 이 영화가 던지는 화두가 만만치 않거든요. 철학자 데카르트가 한 유명한 이야기가 있죠. "나는 생각한

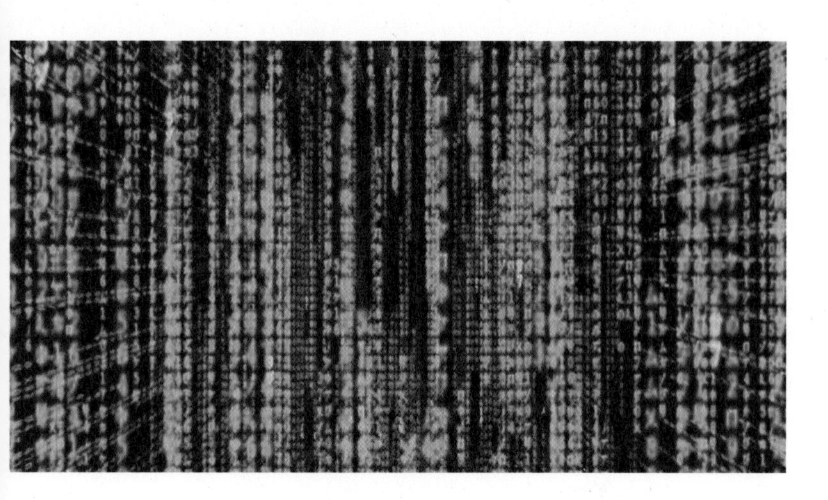

• 나는 생각하지만 존재하지 않을 수도 있다?! •

〈매트릭스〉 〈매트릭스The Matrix〉는 1999년에 워쇼스키 형제가 제작한 SF 영화로, 기계에 의해 인간이 양육되는 22세기 말의 세계를 그리고 있다. 평범한 회사원이던 앤더슨은 집에서는 네오라는 이름의 해커로 취미생활을 하면서 전설적인 해커 모피어스를 찾아다니다 우연히 어떤 여자와 접촉한다. 이튿날 앤더슨은 회사에서 자신을 찾는 사람들에 의해 어디론가 끌려간다. 꿈에서 깨어 다시 전에 만난 여자인 모피어스의 부하 트리니티를 만나고, 그가 찾던 해커 모피어스도 만난다. 그곳에서 그는 놀라운 사실을 알게 되는데, 사실 자신이 살았던 세계는 가상의 22세기 말이고, 인류를 구원할 자가 자신이란 것, 그리고 모피어스가 자신을 찾아다녔음을 알게 된다. 이에 네오는 매트릭스 밖으로 빠져나와 인류를 구하기로 결심한다. 한편 매트릭스 밖의 힘겹고 위험천만한 생활에 실증을 느낀 모피어스의 부하 사이퍼는 은밀하게 매트릭스의 요원들과 만나 매트릭스의 안에서의 부귀한 생활을 약속받고 네오와 동료들을 함정에 빠트린다. 네오와 그 동료들은 끌려간 모피어스를 구출하기 위해 매트릭스의 요원들의 감시망을 돌파하는 시도를 하게 된다. 철학자와 과학자 모두를 열광시킨 흔치 않은 SF 영화이다.

다. 고로 존재한다." 이 말이 틀릴 수도 있다는 이야기예요. 우리는 주위에 있는 모든 것이 다 실재實在한다고 생각하잖아요? 그런데 〈매트릭스〉가 하는 이야기는 그렇지 않을 수도 있다는 거죠. 실재한다고 생각하는 이 세상이 컴퓨터 프로그램에 불과할 수도 있다는 가정하에 만들어진 SF 영화입니다.

결국 양자역학도 그 의미를 찾다 보면 〈매트릭스〉가 이야기하고자 하는 것과 상당히 많은 부분이 맞닿아 있다는 걸 알 수 있습니다.

〈매트릭스〉를 보면 이런 장면이 나옵니다. 모피어스가 네오에게 빨간 알약, 파란 알약 둘을 내밀면서 빨간 알약을 먹으면 네가 드디어 이 세계의 비밀을 알게 된다고 말합니다. 그러니까 매트릭스 바깥으로 나가게 되는 거예요. 파란 알약을 먹으면 진실을 모른 채 그냥 이대로 사는 겁니다. 언제나 그렇지만, 진실을 알게 되면 사는 게 힘들어져요. 당연히 우리의 주인공 네오는 빨간 알약을 먹고 매트릭스 밖으로 나갑니다. 그래서 자기가 살던 세상이 실제로 존재하는 것이 아니고 외계인들이 인간을 착취하기 위해서 만든 가상의 세계라는 걸 알게 됩니다. 인간을 배양하고 있는 것인데, 그냥 놔두면 인간들이 오래 못 버티기 때문에 가상현실을 만들어서 인간의 머릿속에 집어넣은 거죠. 모든 인간은 평생을 그냥 꿈속에서 살아가는 겁니다. 그 꿈이 실재라고 믿으면서 말이에요.

원— 외계인은 아니고 로봇이죠.

욱— 아, 로봇인가요. 여하튼 레오가 빨간 알약을 먹자, 실체實體라고 생각했던 이 세상이 더 이상 실체가 아니게 된 겁니다. 양자역학의 두 번째 이야기에서 계속 나올 단어가 바로 '실체'입니다. 이건 무척 어려운 개념이에요. 사실 저는 지금도 '실체'의 의미가 무엇인지 잘 모르겠어요.

아인슈타인은 '솔베이 컨퍼런스'의 패배 이후 절치부심하고 있었습니다. 아인슈타인말고도 많은 사람들이 그랬어요. 솔베이 컨퍼런스는 1927년에 열렸는데, 1932년 독일에서 히틀러가 정권을 잡습니다. 당시 아인슈타인은 독일 베를린대학 교수였지만 유태인이었죠. 그래서 버틸 수가 없었습니다. 아인슈타인의 이론을 다루는 책들이 불타고, 그의 이론에는 유태인의 과학이라는 딱지가 붙죠. 학생들은 상대론이론도 공부하지 못하게 됩니다. 이런 상황 때문에 아인슈타인은 미국으로 탈출하다시피 떠나야 했죠.

그러고는 프린스턴에 자리를 잡습니다. 거기서 아인슈타인이 논문을 하나 쓰는데, 이것이 양자역학에 한 방을 먹이게 됩니다. 그 핵심 내용은 제목에 다 표현되어 있습니다. 제목을 번역해보죠. 「물리적 실재성의 양자역학적 기술이 완벽하다고 볼 수 있는가?」입니다. 제목을 보면 물리학 논문 같지 않죠? '물리적 실재성'이라. 이게 무슨 말일까요? 암튼 물리적 실재성에 대한 양자역학의 기술 방법이 불완전하다는 이야기입니다.

그런데 이 '실재', 영어로는 '리얼리티reality', 이런 말들은 굉장히 비과학적인 용어에요. 여기서 용어를 좀 정리해야 할 거 같아요. 실재하는 대상을 실체라고 부르고, 실재하는 성질을 실재성이라고 할 겁니다. 실재성을 갖는 대상이나 물체도 실체입니다. 아인슈타인은 이 논문에서 우선 자기가 무엇을 '물리적 실재성'이라고 하는지 정의합니다. 어떤 물리량이 실재성을 갖는다는 것은 측정을 통해 상태를 교란하지 않고 값을 알 수 있다는 것입니다. 교란없이 알 수 있다는 것은 측정하기 전에도 물리량은 바로 그 값으로 정해져 있었었다는 것을 뜻합니다.

원— 그렇겠네요.

욱— 아인슈타인이 했다는 달 이야기로 설명해볼게요. 내가 달을 볼 때, 양자역학에서 왜 바로 그 순간에 달이 거기에 나타났다고 이야기를 할까요? 측정의 과정에서 대상이 필연적으로 교란을 받는다면, 내가 본 달의 모습이 원래의 모습인지 교란을 통해 바뀐 모습이 알 수 없게 되죠. 결과만을 알고 있거든요. 그러니까 이런 관점에서는 실체가 없다고 볼 수 있는 거죠. 측정이 교란을 하기 때문에 그 전에 어디에 있었는지를 모르는 겁니다.

하지만 교란을 하지 않는다면 상황이 다릅니다. 봤을 때 거기 있다는 이야기는, 보기 전에도 거기 있었기 때문에 거기에 있는 거예요. 당연한 걸 설명하자니 말이 꼬이네요. 암튼 이 경우는 결과가 대상의 본질을 그냥 드러내는 역할만을 합니다. 대상은 실체로서 존재한다고 말할 수 있는 것이죠.

아인슈타인이 실체를 이런 식으로 정의하려 했다는 것은 이미 양자역학의 측정문제를 염두에 둔 겁니다. 실체의 정의에 대한 이런 사실을 받아들인다면, 이제 아인슈타인은 양자역학이 그 자체로 불완전하다는 것을 보여줄 겁니다. 제가 가져온 장비가 조금 열악하기는 합니다만, 제가 지금부터 여러분께 보여드릴 이 실험만 잘 이해하신다면, 여러분이 오늘 제 강의에서 얻어야 할 것은 다 얻은 거라 봐도 무방합니다.

빨간 알약, 파란 알약

원— 가져온 게 아니라 여기서 급조해서 만든 실험장비예요.

욱— 급조한 거치고는 멀쩡하지 않나요? 『양자역학 콕 찔러보기』에 나왔던 구멍 둘을 지나는 전자 실험 정도의 중요성을 갖는 것이죠.

지금 보시는 이 상자 안에는 빨간 알약과 파란 알약이 들어 있습니다. 아인슈타인이 제안한 실험은 이런 거예요. 상자에서 알약 하나를 고릅니다. 고르는 사람은 알약을 보지 않아요. 실험을 바라보는 사람도 알약을 보지 않아요. 알약 하나를 집었는데 모두가 색깔을 모릅니다. 그런 다음, 약을 고른 사람은 약을 손에 쥔 채 상자에서 멀어집니다. 멀리 가서 손바닥을 펴고 알약의 색깔을 확인할 겁니다. 자, 이제 손을 폅니다. 빨간색이네요. 그러면 상자에 남아 있는 저것은 무슨 색깔이죠? 그렇습니다. 파란색

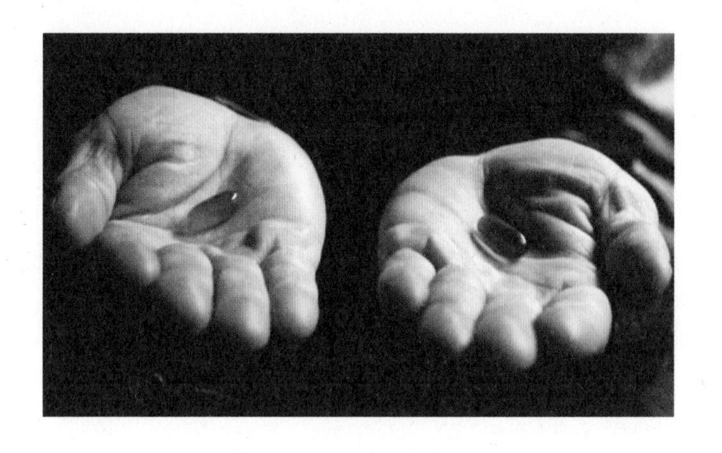

• 손 안의 알약을 확인하는 순간 나머지 알약의 색이 결정된다. •

입니다.

잘 생각해보세요. 손을 펴서 이것을 보는 순간 빨간색인 걸 알았어요. 그러면 저쪽에 있는 사람은 상자에 들어 있는 알약을 관측하지는 않았지만, 측정하면 파란색일 거라는 사실을 분명히 알 수 있어요. 여기 손 안에 있는 것을 보는 순간 상자 안 알약의 색이 정해진 겁니다.

따라서 이쪽, 그러니까 제 손에서 측정이 이루어진 후 저쪽 상자 안에 있는 입자의 색깔은 물리적 실체입니다. 측정하지 않았음에도 색이 정해져 있기 때문이죠. 이 말에 동의하세요?

원— 상자 안의 것을 확인하자면 파란색이 맞습니다.

욱— 이 실험의 중요한 포인트는 이렇습니다. 아인슈타인이 보여와의 싸움에서 언제나 진 이유는, 어떻게 해도 측정을 하면 교란이 일어나서 그래요. 아이스크림의 예를 생각해보세요. 아이스크림의 양을 조금도 바꾸지 않고 맛을 알 방법은 없습니다.

그래서 아인슈타인은 이 논문에서 다른 전략을 취합니다. 대상을 측정하면 언제나 교란이 일어나니까 대상과 관계가 있는 다른 것을 측정해서 간접적으로 정보를 얻어내자는 거예요. 정말 기발한 아이디어죠. 이제 색깔을 가지고 워밍업을 했으니까 더 어려운 것으로 해도 괜찮겠죠?

비슷한 실험을 입자 두 개의 위치로 할 수 있고, 속도로 할 수도 있어요. 기억하시겠지만, 하이젠베르크의 불확정성원리 때문에 위치와 속도, 좀 더 정확히는 위치와 운동량을 동시에 정확하게 측정할 수는 없어요. 하지만 둘 중의 하나는 정확히 측정할 수 있어요.

자, 이제는 앞에서 했던 색깔처럼 위치나 운동량을 어떤 특별한 관계가 되도록, 두 위치의 합이 0이 된다든가 아니면 차이가 0이 된다든가 하는 식으로 잘 엮어놓으면 됩니다. 그런 다음에 하나만 측정하면 다른 쪽은 자동으로 정해지겠죠. 불확정성원리 때문에 물체 하나의 위치와 속도를 동시에 측정할 수는 없지만, 적어도 둘 중의 하나는 정확히 알 수 있어요. 그러면 나머지 물체의 물리량은 미리 결정이 되는 거죠.

아인슈타인의 정의에 따르면 이렇게 정해지는 물리량은 실체

메이커스

vol.1

70쪽 | 값 48,000원

천체투영기로 별하늘을 즐기세요!
이정모 서울시립과학관장의
'손으로 배우는 과학'

make it! **신형 핀홀식 플라네타리움**

vol.2

86쪽 | 값 38,000원

나만의 카메라로 촬영해보세요!
사진작가 권혁재의
포토에세이 사진인류

make it! **35mm 이안리플렉스 카메라**

vol.3

Vol.03-A 라즈베리파이 포함 | 66쪽 | 값 118,000원
Vol.03-B 라즈베리파이 미포함 | 66쪽 | 값 48,000원
(라즈베리파이를 이미 가지고 계신 분만 구매)

라즈베리파이로 만드는
음성인식 스피커

make it! **내맘대로 AI스피커**

vol.4

74쪽 | 값 65,000원

바람의 힘으로 걷는 인공 생명체
키네틱 아티스트
테오 얀센의 작품세계

make it! **테오 얀센의 미니비스트**

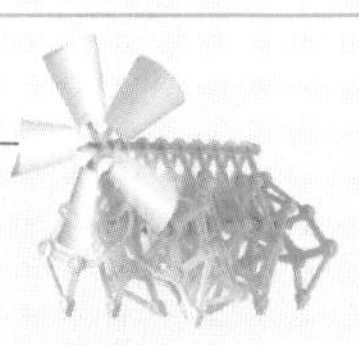

vol.5

74쪽 | 값 188,000원

사람의 운전을 따라 배운다!
AI의 학습을 눈으로 확인하는
딥러닝 자율주행자동차

make it! **AI자율주행자동차**

메이커스 주니어

만들며 배우는 어린이 과학잡지

초중등 과학 교과 연계!

교과서 속 과학의 원리를 키트를 만들며 손으로 배웁니다.

메이커스 주니어 01

50쪽 | 값 15,800원

홀로그램으로 배우는 '빛의 반사'

Study | 빛의 성질과 반사의 원리

Tech | 헤드업 디스플레이, 단방향 투과성 거울, 입체 홀로그램

History | 나르키소스 전설부터 거대 마젤란 망원경까지

make it! **피라미드홀로그램**

메이커스 주니어 02

74쪽 | 값 15,800원

태양에너지와 에너지 전환

Study | 지구를 지탱한다, 태양에너지

Tech | 인공태양, 태양 극지탐사선, 태양광발전, 지구온난화

History | 태양을 신으로 생각했던 사람들

make it! **태양광전기자동차**

입니다. 측정하기 전에 결정되어 있으니까요. 따라오기 힘드시죠? 이제 거의 다 되었어요.

이제 아인슈타인이 이야기합니다. 따라서 여기 있는 물체의 위치 또는 속도는 다른 쪽에 있는 사람이 무엇을 측정했는지에 따라 물리적 실체가 되기도 하고 안 되기도 한다는 겁니다. 이게 도대체 말이나 되는 이야기냐 하는 거예요. 원래 양자역학에서는 모든 게 실체가 아닌데, 여기서는 실체이기도 하고 아니기도 한다는 거죠. 그런데 누가 실체인지 아닌지를 결정하는 걸까요?

아까 이야기한 빨간 알약, 파란 알약을 다시 생각해보죠. 만약 실험을 할 때, 여기 계신 이분이 잠시 자리를 비웠다고 합시다. 이분이 돌아왔을 때 상자 안에 있는 알약이 무슨 색인지 모르잖아요? 그런데 실험을 한 우리는 알고 있죠. 상자 안에 있는 알약의 색은 측정을 하기 전에 정해져 있으니 실체라고 할 수 있습니다. 하지만 밖에 나갔다 온 사람이 볼 때는 양자역학적 대상이니 실체가 아니라고 할 거 아니에요? 사람에 따라 실체 여부가 바뀌다니, 이런 건 말도 안 된다는 겁니다. 아인슈타인 주장에 동의하시나요?

이 논문이 발표된 것은 1935년 5월 15일인데, 논문 발표 전인 5월 4일 뉴스에 먼저 보도가 나옵니다. 보시는 것처럼 제목이 "아인슈타인, 양자이론을 공격하다"입니다. 논문의 저자는 아인슈타인, 포돌스키, 로젠입니다. 이들 이름의 영문 첫 자를 따서

EINSTEIN ATTACKS QUANTUM THEORY

Scientist and Two Colleagues Find It Is Not 'Complete' Even Though 'Correct.'

• "아인슈타인, 양자이론을 공격하다" •

EPR 논문이라고 부르죠. 논문의 핵심 주장은 '양자역학은 올바르지만 완벽하지 않다'라는 겁니다.

이제 양자역학 진영에서 난리가 납니다. 우선 여기서 말하는 '실체reality'라고 하는 것이 과연 올바른 정의일까 하는 의문이 듭니다. 실제로 보어는 이 논문을 보고서 바로 논문으로 대답을 합니다. 보어는 그 특유의 이해할 수 없는 아주 난해한 글을 씁니다. 저도 그걸 이해해보려고 읽어봤는데 무슨 말인지 모르겠더라고요. 결국 다른 사람이 쓴 글을 읽고 간접적으로 이해했습니다.

보어 논문의 핵심은 누가 무언가를 먼저 측정하고, 서로 관계가 있고 하는 따위의 맥락이나 상황조차도 모두 다 측정에 포함된다는 식의 이야기랍니다. 그래서 이런 것들도 사실상 교란을 한다는 거죠. 글쎄, 뭔가 어거지 같은 느낌이 들지만 결국은 맞는 이야기라고 볼 수 있어요. 어쨌든 이게 '실체'와 관련하여 양자역학이 갖고 있는 문제점입니다. 근데 이것만이 문제가 아니었어요.

자, 같은 실험을 한 번 더 해볼게요. 마찬가지로 보지 않고 알약 하나를 집었습니다. 이번에는 아까보다 멀리 갈 겁니다. 지금 공간 제한이 있어서 실제로는 조금밖에 가지 못하지만 말이죠. 얼마나 멀리 가고 싶으냐면 태양계에서 가장 가까이에 있는 알파 센타우리α-Centauri라는 별까지 갈 거예요. 지구에서 거기까지 아마 4.3광년쯤 될 겁니다. 거기 갈 때까지는 색깔을 보고 싶어도 꼭 참고 안 봐요. 빛의 속도로 날아가는 우주선은 실제로 없지만, 거의 빛의 속도로 날아가는 우주선이 있다고 치고, 꼬박 4.3광년 걸려서 갔다고 해보죠. 자, 4.3광년 뒤에 손을 펴서 색깔을 확인합니다. 그랬더니 이번에는 파란색입니다. 그렇다면 상자에 남아 있는 건 빨간색이겠죠.

문제는 저 알약이 언제 빨간색이 되는가 하는 겁니다. 질문이 이상한가요? 자, 여러분이 펴보시는 순간 저기는 빨간색이에요. 나는 무슨 색인지를 알아요. 하지만 이 색깔이 파란색이라는 건 일종의 정보인데, 아인슈타인의 상대성이론에 따르면 어떠한 정보도 빛보다 빨리 이동할 수 없습니다. 세상의 모든 것은 빛보다 빨리 이동할 수 없어요. 그렇다면 이것을 펴보는 순간 파란색이었다는 정보는 빛의 속도로 진행을 해서 도달하는 데 4.3광년이 걸리겠죠?

그러니까 알약을 가지고 여기까지 온 시간과 정보가 가는 시간을 합쳐서 지구에서 8.6광년이 지나야만 비로소 이것이 파란색이었다는 정보를 얻게 됩니다. 제가 만약 여기 원종우 님에게 4.3광년 뒤에 열어볼 테니까 8.6광년이 지나야 신호가 갈 것이고, 그러니 그 전까지 절대 열어보지 말라고 했다고 가정해보죠. 그 말은 당연히 안 들으실 거죠?

원— 아까 출발할 때 벌써 봤어요.

욱— 그러니까 4.3광년 뒤에 도착해서 열어볼 것을 아니까, 5광년이 지났을 때쯤 열어보는 겁니다. 그때 열어보면 무슨 색깔이어야 합니까? 빨간색이여야 된다고요? 아직 이 정보가 안 갔잖아요? 아직 우주에서 알파센타우리 쪽 정보가 지구로 안 갔어요. 물리적으로 아직은 빨간색이든 파란색이든 각각 50퍼센트 확률이지요. 이런 말이 이상하게 들리나요? 상대성이론이 옳다면 정보전달에 8.6광년이 걸립니다. 그런데 5광년째에 그걸 확인했고, 우주의 입장에서는 아직 이 정보가 안 왔기 때문에 50퍼센트의 확률로 파란색이거나 빨간색이어야 해요.

만약 결과가 파란색이라고 해보죠. 원종우님은 파란색으로 알고 행복하게 살고 있었어요. 그런데 8.6광년째 되는 해 비로소 저쪽 알약이 파란색, 그러니까 여기서는 빨간색이어야 한다는 정보가 오게 되는 거죠. 그러면 우주에 모순이 생기게 됩니다! 우주에 에러가 나며 종말이 오는 걸까요? 이런 모순이 생긴 이유는 양자역학에서는 그것을 확인하기까지, 즉 측정을 하기까지 아무도 몰라서 그래요. 측정을 해야 그 순간 결정이 되거든요.

이런 문제점은 슈뢰딩거가 지적합니다. 슈뢰딩거 이야기의 핵심은 양자역학의 측정이 상대성이론의 원리, 즉 모든 정보는 빛보다 빨리 움직일 수 없다는 원리를 깨는 것 같다는 겁니다. 결국, 이래도 양자역학이 완전하다고 할 것이냐고 묻는 거죠. 정말 무시무시한 공격입니다.

이제 여기 두 입자 사이에 만들어진 괴상한 관계에 대해서 슈뢰딩거가 이름을 붙입니다. 바로 '양자얽힘quantum entanglement'이죠. 이 용어가 상당히 미묘한데, 처음에 슈뢰딩거가 영문으로 논문을 썼을 때에는 'entanglement'라는 단어를 썼어요. 이 단어를 우리말로 '얽힘'이라고 해석합니다. 그다음에 슈뢰딩거가 독일어로 논문을 썼을 때는 '페어슈랜쿵verschränkung'이라는 단어를 씁니다. 이 단어도 얽혀 있다는 뜻인데 어감이 좀 다릅니다.

영어의 'entanglement'는 우리말의 '얽힘'처럼 무언가 지저분하고 복잡하게 얽혀 있는 거죠. 그런데 독일어 단어의 뜻은 질서를 의미합니다. 일종의 질서를 가지고 잘 정렬된 상호관계를 이야기하는 단어죠. 뉘앙스의 차이가 있어요. 제가 이런 이야기를 하는 이유는 양자역학을 이해하려고 노력을 할 때 항상 문제가 되는 게 언어이기 때문이에요.

'동시에 존재한다.'는 말 자체가 경험적으로는 말이 안 되는 거잖아요. 역시 이 '얽힘'이란 것도 좋은 단어가 아닌 것 같아요. 우리에게는 양자역학을 위한 새로운 용어, 아니 새로운 언어가 필요할지도 몰라요. 바로 수학이죠. 어쨌거나 지금 제가 말씀드린 이 상황을 설명하는 것이 바로 이 수식입니다.

$$\psi = \frac{1}{\sqrt{2}}\left(|\bullet\rangle_a|\bullet\rangle_b + |\bullet\rangle_a|\bullet\rangle_b\right)$$

물리학자들은 얽힘의 상황을 이렇게 표기합니다. 수식이 굉장히 어렵게 보이시겠지만 실제는 별게 아니에요. 밑에 자그맣게 써 있는 a, b는 사람이라고 생각하시면 돼요. a가 저고, b가 원종우 님이라고 봐도 됩니다.

자, 이제 해석해볼게요. 수식의 첫 부분은 a가 파란색이고 b는 빨간색이라는 거고, 더하기 부호 뒤에 있는 것은 a가 빨간색이면 b는 파란색이라는 거예요. 여기 나오는 꺽쇠 기호는 양자역학적 상태를 나타내죠. 이제 이 두 상태를 더한다는 것은 두 개의 상태가 동시에 존재한다는 겁니다. 바로 양자역학의 핵심인 중첩을 나타내는 표현입니다.

어쨌든 이런 모순적인 상황에 대해 아인슈타인이 제안한 해결 방법은 간단합니다. 양자역학의 비결정론을 다 버리면 된다는 겁니다. 양자역학은 측정을 할 때 결정이 되기 때문에 문제가 생긴다는 거죠. 측정하기 전에 그냥 다 결정되어 있는 거라고 하면 끝이라는 겁니다. 양자역학에서는 손을 펴볼 때까지는 그것이 무슨 색깔인지 절대 알 수가 없어요.

하지만 고전역학에서는 제가 이것을 손으로 집는 순간 색깔이 결정된 겁니다. 그 사실을 저하고 여러분이 모르는 것뿐입니다. 왜냐면 우리가 볼 수 없어서 그렇지 이미 결정이 되어 있는 거고, 원리적으로 우주는 이미 알고 있다는 것이죠. 우주에 의식이 있다는 말은 아니니 오해마시길. 우리만 모르기 때문에 손을 펼 때 알게 되는 것같이 착각을 하지만, 사실은 이미 결정이 된 거라는 거죠.

사실 이게 고전역학의 결정론입니다. 손을 펼 때 보는 색은 이미 정해진 색을 확인하는 것에 불과한 거라고 했잖아요. 고전역학에서 색은 실재성實在性을 가지니까요.

양자역학이 비결정론적인 세상을 이야기하고 있지만, 아인슈타인은 양자역학의 해석이 근본부터 틀렸다고 이야기하는 거죠. 우주가 다 결정되어 있다고 생각을 해버리면 손을 펼 때, 즉 이것을 볼 때 색깔이 결정된 게 아니기 때문에 정보가 빛보다 빠른 속도로 전달이 되지 않아도 됩니다.

실재성 문제는 원래부터 생기지 않습니다. 양자역학이 아닌 고전역학에서는 모든 게 이미 다 실체를 가지고 있거든요. 전자가 실재하고, 위치도 실재하고, 측정하기 전에 그 물체의 물리량들도 이미 다 정해져 있어요. 그러니까 모든 것이 결정되어 있다고 하면 끝날 문제를 양자역학은 이렇게 어렵게 해서 이런 수많은 모순을 만들어낸다는 뜻입니다. 그러면 결정론적으로 행동하는 입자가 양자역학에서 왜 파동성을 갖는지, 왜 확률로 기술되어야 하는지 하는 것에만 집중해서 질문을 해야 한다는 겁니다.

그래서 아인슈타인은 이렇게 결론을 내립니다. 양자역학이 이상한 것은 단지 아직 우리가 모르는 무언가가 더 있기 때문이다. 우주는 결정되어 있는데, 아직 우리가 모르지만 우주는 이미 알고 있는 무엇인가 있다는 겁니다. 따라서 우리가 그것을 알게 되면 양자역학의 측정문제 따위는 필요 없다는 거죠. 그래서 아인슈타인은 우리가 모르는 그 무엇을 '숨은변수'라고 부르기로 합니다. '숨은변수'라는 말의 의미를 아시겠죠? 우주에는 우리가 모르는 아직 숨어있는 그런 것이 있는데, 이것이 결정론으로 된 것이라는 겁니다. 이제 남은 문제는 '숨은변수'를 찾는 것뿐이죠.

원— 다들 비슷한 생각을 할 것 같은데, 보통 사람들이 듣기에는 이런 것 같아요. 이 실험에서 저기 가서 파란색을 확인하는데, 그 전에는 무슨 색인지 모를 뿐만 아니라 확정이 되지 않고 파란 것과 빨간 것이 동시에 될 수 있는 상태라는 이야기인데, 이게 도대체 무슨 말이냐는 생각이 들 수밖에 없어요. 보통은 이게 당연한 태도고, 우리도 아인슈타인도 마찬가지죠.

이렇게 이상하고 복잡한 관측이 어쩌고 하는 말도 안 되는 논리를 가지고 진짜 물리적 세계가 이렇다고 이야기를 하고 있는데, 이건 정말 받아들이기 어려운 것이죠. 사실 우리는 100년이란 세월이 지나서 이것이 유명하고 노벨상도 받은 학자들이 한 이야기이니까 마음을 열고 듣죠, 아니면 어림도 없을 겁니다.

하지만 만일 누군가가 어느 날 이런 것을 발견했다고 가져와서 이야기한다면 그걸 믿을 사람은 아무도 없는 거죠. 그런데 아인슈타인에게는 이 양자역학을 하는 물리학자들이 자신보다 못하면 못했지 더 나은 사람들은 아니었거든요. 여하튼 그래서 복잡하게 생각하지 말고 원래 세상은 다 결정되어 있는 건데, 그걸 너희들이 받아들이면 간단한 것을 계속해서 복잡하게 생각하는 거라고 반발하는 거라고도 볼 수 있지 않을까 싶어요. 그런데 전자의 이중슬릿실험의 결과와 같은 현상은 어떻게 생각할 것이냐 하는 문제가 있었겠죠.

하지만 이런 모르는 무언가가 있다고 말하는 게 비과학적인 이야기일 수도 있는데, 아마도 그건 아인슈타인 성향인 것 같기도 해요. 아인슈타인의 우주상수도 그렇고, 과학이라는 게 일반적으로 관측하여 알게 된 것들을 가지고 세계관을 구성해야 되거든요. 그렇게 구성을 하고 만약에 나중에 무언가 진짜 우리가 몰랐던 무언가가 나타나면 또 수정이 되겠죠? 그렇게 받아들여야 되는 건데 아인슈타인이 이제 그게 무엇인지는 모르겠지만, 여하튼 모호하게 보였고, 그래서 이건 사실이 아니라고 고집을 부린 것이 아닐까 하는 생각도 듭니다.

아인슈타인이 못나서 그런 것이 아니고 사실 모두에게 잘 이해가지 않는 문제라서 이런 상황이 벌어진 게 아닌가 싶어요.

욱— 그렇습니다.

원— 고맙습니다. 이번엔 진짜 맞는 이야기 한 거죠?

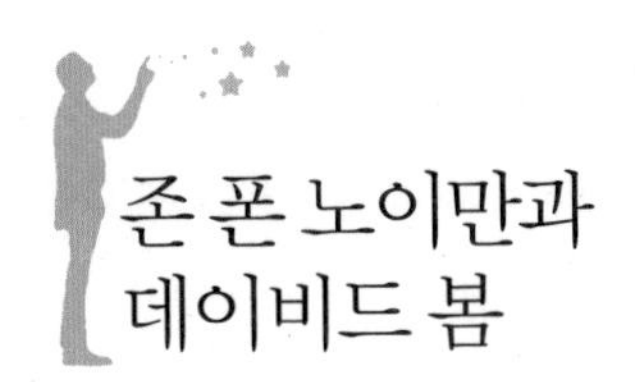

존 폰 노이만과 데이비드 봄

욱— 지금 하는 이야기를 보면 아인슈타인이 제기한 양자얽힘 문제가 마치 과학의 역사에 있어서 굉장히 중요한 사건이었던 것처럼 들리죠? 하지만 그 당시의 실제 상황은 그렇지 않았습니다. 다수의 물리학자는 양자역학을 완전히 지지하고 있는 상황입니다. 양자역학이 확립된 게 1927년이고, 그 이후 양자역학은 승승장구합니다.

오늘날 우리의 전자 문명, 핸드폰, 전자공학, 화학, DNA, 생명과학, 분자생물학 등 과학의 혁명이라 할 만한 엄청난 일들이 이어지기 때문에 양자역학이 옳다는 사실에 한 치의 의심도 할 수가 없는 상황이었던 거죠.

따라서 모두 그 결과물을 줍기 바쁜 상황이지, 다시 양자역학의 해석에 문제가 무엇인가 하는 것들을 생각하면 안 되는 분위기가 팽배해 있었습니다. 그건 과학이 아니라 철학적인 문제에 불과했던 거죠. 아인슈타인의 EPR 논문에 대해서 보어가 쓴 논문이 있다고 그랬잖아요? 사실 사람들은 보어가 대답했으니 별 문제 없는 거겠지 하는 분위기였어요. 지금은 EPR 논문을 중요하게 다루고 있지만, 당시는 잠깐 반짝하고 잊혀져버린 논문에 지나지 않습니다. 다수의 물리학자는 실체가 어떻고 하는 이런 철학 같은 주제에 별로 관심이 없었던 거죠.

EPR 논문이 나오던 바로 1935년에 슈뢰딩거도 논문을 하나 써서 양자역학 지지자들을 또 한 번 놀라게 합니다. 그게 바로 앞의 『양자역학 콕 찔러보기』편에서 한참 이야기했던 슈뢰딩거의 고양이 이야기입니다. 궁금하신 분은 앞의 책을 참고하세요. 한마디로 정리하자면 '관측을 하는 주체가 누구인가?', '관측자와 관측받는 대상의 분리가 가능한가?' 하는 문제입니다.

어쨌든 이처럼 양자역학에 대한 공격이 이어지지만, 다수의 물리학자는 별로 고민하지 않았습니다. 당대의 천재이자 '게임 이론'으로 유명한 폰 노이만은 물리학과 수학 모두에 뛰어난 사람이었습니다. 그는 컴퓨터의 아버지라고도 불리죠. 바로 그 유명한 폰 노이만이 『양자역학의 수학적 근본』이라는 책을 씁니다.

이 책에서 그는 아인슈타인이 말하는 그런 숨은변수가 존재할 수 없다는 사실을 수학적으로 증명합니다. 그가 아인슈타인의 등에 마지막 칼을 꽂은 셈이죠. 정리하자면 이렇습니다. 아인슈

• 게임이론의 폰 노이만, 아인슈타인 등에 칼을 꽂다 •

타인의 공격에 대해 보어가 답변을 했고, 폰 노이만이 수학적으로 코펜하겐해석을 증명했다. 게임 오버. 이제 양자역학에 대한 해석 논쟁은 끝이 났고, 코펜하겐해석은 승리한 겁니다. 더 이상 이런 문제에 대해 연구를 하면 안 되는 거예요.

하지만 언제나 말 안 듣는 사람이 있게 마련이죠. 여기 보시는

존 폰 노이만 존 폰 노이만John von Neumann(1903~1957)은 헝가리 출신의 미국인 수학자이자 물리학자이다. 양자역학, 함수해석학, 집합론, 위상수학, 컴퓨터에 대한 이론적인 근거, 수치해석, 경제학, 통계학 등 여러 학문 분야에 걸쳐 다양한 업적을 남긴 천재였다. 특히 연산자 이론을 양자역학에 접목시켰고, 맨해튼 계획과 프린스턴 고등연구소에 참여했으며, 게임이론으로 유명하다.

것은 데이비드 봄이라는 물리학자가 쓴 『양자이론』이라는 책입니다. 이 책은 코펜하겐해석에 기반을 둔 정통 양자역학 교재입니다.

봄이 이 책을 쓰다 보니까 무언가 좀 이상한 게 있다는 생각을 하게 되죠. 불행히도 책을 다 탈고하고 출판이 될 때, 양자역학이 좀 잘못되었다는 생각을 하게 됩니다. 아인슈타인이 말한 '숨은변수이론'이 가능한 것 아닌가 하는 생각을 하게 된 겁니다. 그래서 열심히 생각한 끝에 '숨은변수이론'으로 양자역학을 설명하는 논문을 씁니다.

그런데 봄은 참으로 얄궂은 시대를 살았던 사람이죠. 이 책이 나온 것이 1952년인데, 미국인이었던 봄은 2차 세계대전 중에 공산당에 가입을 합니다. 그의 나이 25세였는데 당시 시대 분위기로 볼 때, 아주 특이한 행동까지는 아니었습니다. 그런데 공산당의 일원이었던 조지프 와인버그가 미국에서 만들고 있던 원자폭

데이비드 봄 데이비드 봄David Bohm(1917~1992)은 미국에서 태어나 주로 영국에서 활동한 물리학자로, 원자폭탄을 개발한 오펜하이머의 제자였다. 제2차 세계대전 후에 프린스턴대학에서 조교수를 지냈으며, 아인슈타인과 공동 연구를 진행했다. 양자역학의 대안해석인 숨은변수이론을 개발한 것으로 유명하다. 매카시즘McCarthyism에 희생되어 미국을 떠나 브라질에서 교수직을 얻었으며, 이스라엘을 거쳐 영국에 정착했다. 1959년에 야키르 아로노프Yakir Aharonov와 아로노프-봄 효과를 발견했으며, 이론물리학 교수로 영국에서 생애를 마감했다.

• 정통 양자역학 교재를 쓰다가 숨은변수이론을 떠올리다 •

탄에 대한 정보 일부를 외부에 넘겼다는 혐의로 조사를 받기 시작합니다. 그래서 1949년 와인버그의 친구였던 봄도 조사를 받게 돼요.

그때면 미국이 반공 매카시즘의 마녀사냥을 시작할 즈음이죠. 반미활동조사위원회에서 봄더러 법원에 출두하라는 명령을 내립니다. 그런데 이 깐깐한 물리학자는 법정에 나가서 묵비권을 행사해요. 친구의 잘못에 대해 고자질하라는 것이라 그런 거지만, 어쨌든 굉장히 위험한 상황에 놓이게 됩니다. 결국 재판에서 친구는 유죄를, 봄 자신은 무죄를 선고를 받아요. 무죄였지만 프린스턴대학에서는 재계약이 안 됩니다. 매카시즘 선풍이 부는 미국, 반공주의가 득세하는 상황에서 이 사람은 공산주의자 스파이일지도 모른다는 딱지가 붙은 것이잖아요.

그래서 더 이상 미국에서 살지 못하고 브라질 상파울루로 도망치듯 이주합니다. 상파울루에 있을 때 출간한 논문이 바로 숨은변수이론에 대한 거였죠. 논문이 나오는 시기로 이보다 더 나쁘기도 쉽지 않을 겁니다. 미국에 반공 매카시즘이 득세하는 상황에서 공산주의자로 낙인이 찍히고, 물리학에서는 '숨은변수'를 다루는 이단 논문을 쓴 겁니다. 아웃사이더도 이런 아웃사이더가 없죠. 그래서 이 논문은 주류 물리학계에 의해 아주 철저하게 무시당하게 됩니다. 사실 지금도 봄의 이론을 연구하는 것은 좋지 않아요. 제가 대학원 다닐 때도 봄의 이론을 담은 책은 금서禁書 같은 거였습니다. 정교수가 돼서 정년이 보장되면 생각해보라고들 했죠.

원— 한편으로 신비주의 쪽에서는 계속 좀 관심을 가지고 봄의 이론을 끌어와서 무언가 설명을 하려고 했었거든요. 사실 신비주의 계에서는 아주 유명한 과학자이고, 신비주의적인 베이스를 만들어준 그런 사람으로서 존중을 받죠.

욱— 그렇군요. 봄의 이론은 아인슈타인의 바람을 실현한 거였지만, 안타깝게도 아인슈타인도 이 이론을 지지하지 않습니다. 오히려 싸구려 이론이라고 평가합니다. 어쨌거나 봄은 '숨은변수이론'을 가지고 양자역학의 모든 결과를 설명해요. 기본적으로 전자는 입자인데 '안내파동pilot wave'라는 파동이 앞에서 움직이면서 입자를 끌고 갑니다. 파동이 먼저 간섭을 하고, 입자가 그 궤적을 따라가면서 파동의 간섭무늬를 보여주는 것이죠.

이게 무슨 뚱딴지같은 이야기냐고 할 수도 있어요. 어쨌든 이렇게 하면 전자는 입자이고, 매 순간 위치가 결정되어 있다는 식으로 기술할 수 있습니다. 문제는 이렇게 만들어진 이론이 기존의 양자역학과 똑같은 결론을 보여준다는 겁니다. 어떤 의미에서는 괜한 짓을 한 것이죠. 결정론을 만들기 위해 억지로 만든 이론처럼 보일수도 있어요.

원— 네.

욱— 실험을 해본들 새로운 결과가 나올 수 없는 그런 이론을 만든 겁니다. 봄이 브라질에 간 다음에 CIA가 그의 여권을 취소시켜서, 브라질 국민이 되어야 하죠. 봄은 우여곡절 끝에 이스라엘로 갔다가 영국으로 가서 결국 거기서 일생을 마치게 됩니다. 어찌됐든 이렇게 논문을 써놓으면, 다수가 무시하더라도 꼭 누군가는 보는 법이에요. 그래서 기록을 남겨야 됩니다.

빛보다 빠른 통신이 없거나 실체가 없거나

욱 — 1952년 봄이 쓴 논문을 존 스튜어트 벨이라는 물리학자가 보게 됩니다. 벨은 이 논문을 보고 깜짝 놀라죠. 분명히 폰 노이만이 양자역학의 숨은변수이론은 불가능하다고 수학적으로 증명했다고 알고 있는데, 봄이라는 사람이 그게 가능하다는 걸 보인 거예요. 그래서 벨은 이 문제를 조금 더 고민해봐야 하지 않을까 하고 생각합니다.

존 스튜어트 벨 존 스튜어트 벨John Stewart Bell(1928~1990)은 영국의 물리학자로 북아일랜드 벨파스트에서 태어났다. 퀸스대학에서 물리학을 전공했으며 버밍엄대학에서 핵물리 및 양자장이론으로 박사학위를 받았다. 1954년에 양자역학에서 '숨은변수'의 존재 여부를 실험으로 판별할 수 있는 부등식을 제안했다. 1990년 62세의 다소 이른 나이에 뇌일혈로 세상을 떠났는데, 본인은 몰랐겠지만 그해 노벨상 후보로 추천받았었다고 한다.

벨은 핵물리학자고, 매우 똑똑한 사람이었기 때문에 이것에만 몰두하지는 않아요. 힉스입자를 발견했다고 한창 주가를 날린 CERN, 그러니까 유럽입자물리연구소 아시죠? 벨은 그 연구소에서 일하면서 틈틈이 봄의 이론과 관련한 자신만의 생각을 정리해갑니다. 그러길 무려 12년, 굉장히 조심스럽게 논문 두 편을 발표하죠. 첫 번째 논문은 괜찮은 저널에 보내요. 이 논문의 내용은 폰 노이만의 증명이 틀렸다는 겁니다. 그걸 먼저 증명할 수 있었기 때문에 거기서 더 나아갈 수 있는 거죠. 폰 노이만의 증명이 틀렸다는 건 '숨은변수이론'이 가능할 수도 있다는 겁니다.

두 번째 논문이 중요한 건데, 이건 진짜 이름 없는 저널인 《피직스Physics》에 실립니다. 이 저널은 얼마 안 있어 없어져서 지금은 존재하지 않습니다. 그런 저널에 보낼 수밖에 없었던 이유가 뭔지 아시겠죠? 그 논문의 제목은 「아인슈타인, 포돌스키, 로젠의 역설에 대하여」입니다. 양자역학의 새로운 역사가 만들어지는 논문입니다.

이 논문에서 벨이 생각한 것은 이런 겁니다. 물리학자들이

유럽입자물리연구소 유럽입자물리연구소Conseil Européenne pour la Recherche Nucléaire, CERN는 스위스 제네바와 프랑스 사이의 국경지대에 위치한 세계 최대의 입자물리학 연구소이다. 이 연구소는 설립 초기부터 입자가속기 등을 이용해 고에너지 물리학 연구에 기여했고, LHCLarge Hardron Collider(거대 하드론 충돌기)를 이용하여 힉스입자의 존재를 증명했다.

Physics Vol. 1, No. 3, pp. 195–200, 1964 Physics Publishing Co. Printed in the United States

ON THE EINSTEIN PODOLSKY ROSEN PARADOX*

J. S. BELL†
Department of Physics, University of Wisconsin, Madison, Wisconsin

(*Received 4 November 1964*)

I. Introduction

THE paradox of Einstein, Podolsky and Rosen [1] was advanced as an argument that quantum mechanics could not be a complete theory but should be supplemented by additional variables. These additional variables were to restore to the theory causality and locality [2]. In this note that idea will be formulated mathematically and shown to be incompatible with the statistical predictions of quantum mechanics. It is the requirement of locality, or more precisely that the result of a measurement on one system be unaffected by operations on a distant system with which it has interacted in the past, that creates the essential difficulty. There have been attempts [3] to show that even without such a separability or locality requirement no "hidden variable" interpretation of quantum mechanics is possible. These attempts have been examined elsewhere [4] and found wanting. Moreover, a hidden variable interpretation of elementary quantum theory [5] has been explicitly constructed. That particular interpretation has indeed a grossly non-local structure. This is characteristic, according to the result to be proved here, of any such theory which reproduces exactly the quantum mechanical predictions.

II. Formulation

With the example advocated by Bohm and Aharonov [6], the EPR argument is the following. Consider a pair of spin one-half particles formed somehow in the singlet spin state and moving freely in opposite directions. Measurements can be made, say by Stern-Gerlach magnets, on selected components of the spins $\vec{\sigma}_1$ and $\vec{\sigma}_2$. If measurement of the component $\vec{\sigma}_1 \cdot \vec{a}$, where $\vec{a}$ is some unit vector, yields the value +1 then, according to quantum mechanics, measurement of $\vec{\sigma}_2 \cdot \vec{a}$ must yield the value −1 and vice versa. Now we make the hypothesis [2], and it seems one at least worth considering, that if the two measurements are made at places remote from one another the orientation of one magnet does not influence the result obtained with the other. Since we can predict in advance the result of measuring any chosen component of $\vec{\sigma}_2$, by previously measuring the same component of $\vec{\sigma}_1$, it follows that the result of any such measurement must actually be predetermined. Since the initial quantum mechanical wave function does *not* determine the result of an individual measurement, this predetermination implies the possibility of a more complete specification of the state.

Let this more complete specification be effected by means of parameters λ. It is a matter of indifference in the following whether λ denotes a single variable or a set, or even a set of functions, and whether the variables are discrete or continuous. However, we write as if λ were a single continuous parameter. The result A of measuring $\vec{\sigma}_1 \cdot \vec{a}$ is then determined by $\vec{a}$ and λ, and the result B of measuring $\vec{\sigma}_2 \cdot \vec{b}$ in the same instance is determined by $\vec{b}$ and λ, and

• 국소성과 실재성은 숨은변수이론을 충족하는가 •

EPR의 실재성 논쟁에 관심이 없는 것은 이것이 너무 철학적이고 사변적이기 때문이죠. 양자역학은 아주 잘 작동하고 있습니다. 코펜하겐해석대로 했을 때 아무 문제가 없는데, 해석을 놓고 왜 논쟁을 하냐는 거죠. 이런 논쟁이야말로 정말 쓸데없는 것처럼 보인다는 거예요. 그렇기 때문에 물리학자들이 이것에 관한 연구를 하지 않았던 거죠.

벨의 질문은 실재성에 관한 이런 논쟁을 실제로 검증 가능한 그런 형태로 바꿀 수 없을까 하는 겁니다. 그리고 그것이 가능하다는 걸 보여줍니다. 그 핵심 아이디어를 바로 이야기하자면 골치가 아프니까, 우선 간단하게 요약해서 말할게요. 벨의 논문은 논리적으로 이렇게 구성되어 있어요. '숨은변수이론'이 존재한다고 가정하고서, 어떤 특정한 문제에 대해 '숨은변수이론'이 예측하는 어떤 수학적 결과를 하나 보여줍니다. 그리고 그 특정 문제를 이번에는 양자역학으로 풀면 결과가 다르다는 것을 보여주는 것이죠. 양자역학과 '숨은변수이론'이 서로 다른 결과를 주는 수식을 찾은 겁니다. 벨은 '숨은변수이론'이 가져야 되는 기본 성질 두 가지를 제시합니다.

하나는 '국소성'이고 다른 하나는 '실재성'입니다. 말이 무척 어렵죠? 하나씩 풀어봅시다. '국소성'이라는 건 빛보다 빠른 정보통신이 가능하지 않다는 겁니다. 상대성이론의 가정을 말하는 거지요. '실재성'은 아인슈타인이 이야기한 대로 측정하기 전에 물리량이 결정되어 있다는 겁니다. 국소성과 실재성을 가정하면, 이것이 아마도 아인슈타인이 생각한 그런 '숨은변수이론'이 아니겠냐는 생각입니다.

이제 이런 조건하에서 항상 옳은 어떤 부등식을 제시합니다. 그 부등식을 보여드리기 전에 워밍업으로 조금 더 쉬운 부등식을 보여드리겠습니다.

$$AB \leq 1$$

이 부등식은 실제로 벨이 제시한 부등식과 아무 관련은 없어요. 자, 여기 A와 B라는 수학적인 변수가 있습니다. A는 +1 또는 −1일 수 있습니다. B도 +1 또는 −1일 수 있습니다. A와 B에서 각각 하나씩 수를 고르는 경우 모두 네 가지 상황이 나올 겁니다. (+1, +1), (+1, −1), (−1, +1), (−1, −1). 그러면 여러분이 이것으로부터 A, B에 대해 항상 성립하는 부등식을 만들 수 있습니다. 수학을 못하더라도 아마 이 정도는 알 수 있을 거라 믿습니다. A와 B를 곱하면 절대로 1을 넘을 수 없어요. A와 B가 1하고 −1 밖에 될 수가 없으면 이 둘을 곱했을 때 어떻게 해도 1을 넘을 수 없습니다.

원— 제일 큰 수가 1 곱하기 1이니까 그렇죠?

욱— 그렇죠. −1과 −1을 곱해도 1이 됩니다. 다른 경우는 −1이 되니까 아무리 커봐야 1이죠. 결국 'AB는 1보다 작거나 같다'라는 부등식은 무조건 맞습니다. 벨의 부등식이 이거랑 비슷합니다. 그런데, 이것을 양자역학으로 다루면 A하고 B가 양자역학적으로 동시에 측정할 수 없는 그런 변수가 돼요. 그러면 A와 B의 곱이 1을 넘어갈 수도 있다는 걸 보일 수 있죠. 아까 왜 A와 B의 곱이 1을 넘을 수 없었다고 생각했을까요? 여러분이 머릿속으로 A가 1일 때, B가 1이면 그때가 제일 큰데, 곱하면 1이니까 아무리 커봐야 1이라고 생각한 겁니다.

곰곰이 생각해보면, 여기에는 A와 B를 동시에 알 수 있다는 당연한 가정을 하고 있어요. 하지만 양자역학에서는 A를 알기 위해 측정할 때 상태가 변해서 B가 바뀔 수가 있죠. 황당하지만 양자역학이 그런 것이거든요. 그러면 이 부등식이 깨질 수 있다는 거예요.

그럼 이제 남은 일은 간단하죠. 실험으로 이 부등식을 검증하면 됩니다. A, B를 적당한 물리량으로 만든 다음 직접 실험을 합니다. 만약 실험결과가 AB가 1을 넘으면 양자역학이 맞는 거예요. 앞에서 이야기한 국소적이고 실재적인 '숨은변수이론'으로 도저히 설명할 수 없는 답이 나온 거잖아요. 즉, 숨은변수이론이 틀렸다는 걸 실험으로 입증할 수 있는 거죠. 실제 벨이 만든 식은 훨씬 복잡합니다. 구경만 하세요.

$$AC + AD + BC - BD \leq 2$$

국소적이고 실재적이라는 가정하에서 제일 큰 값이 2이고, 양자역학은 2.828 정도가 나온다고 예상을 합니다. 이제 남은 일은 이것을 실험해보면 됩니다. 아, 한 가지 덧붙일 것이 있네요. 여기 논리에 익숙한 분들이 계실 거라 생각해요. 벨의 부등식은 국소성과 실재성 두 가지가 동시에 옳다면 만족됩니다. 따라서 만약 실험결과가 2를 넘게 되면 더 이상 국소성과 실재성 두 가지 모두 맞을 필요는 없게 됩니다. 국소성 '그리고' 실재성이 옳은 것이 부정된 것이니까 국소성 '또는' 실재성이 틀린 것이죠. 적어도 둘 가운데 하나만 틀리면 된다는 거예요.

이제 누군가 실험으로 확인하는 일만 남았는데, 1982년 알랭 아스페라는 사람이 그 일을 합니다. 벨이 쓴 논문은 아무도 보지 않는 저널에 실렸고, 당시 벨이 주로 연구하던 분야도 아니었으며, 내용도 정말 위험한 것이었습니다. 그래도 역시 누군가는 그 논문의 중요성을 깨닫습니다.

아스페가 이 논문을 발견한 것은 논문이 출판된 지 10년이 지난 1974년이었습니다. 정말 우연히 이 논문을 보았다고 합니다. 아스페는 이건 정말 대단한 논문이라고 감탄하면서, 사람들이 이것을 왜 실험하지 않았을까 의아해했답니다. 그러고는 직접 이 실험을 해보기로 결심합니다. 자신이 주로 연구하던 빛을 이용하기로 하죠. 아스페는 이 방법으로 정말 그 논문의 내용을 입증할 수 있는지 궁금했기 때문에 벨을 직접 만나 의논하기 위해 CERN에 갑니다.

아스페가 벨에게 자신의 실험계획을 설명하자 이야기를 다 들은 벨은 이런 질문을 합니다. 당신 정규직이냐고 말이죠. 이런 실험을 하겠다고 하면 잘릴 게 분명하거든요. 그러니까 이 말은

알랭 아스페 알랭 아스페Alain Aspect(1947~)는 프랑스의 양자물리학자로, 벨의 부등식이 위배된다는 것을 실험적으로 입증했다. 물론 그 실험에 여러 기술적인 문제loophole가 있어서, 이것만으로 벨의 부등식이 위배되는 것이 100퍼센트 확실하다고 하기는 힘들었다. 2015년 네덜란드 연구팀이 이런 모든 기술적 문제를 해결한 벨 부등식 위배실험에 성공했다고 《네이처》 저널에 발표했다.

안정된 직장을 가진 대학교수라면 하라고 하겠는데, 그렇지 않으면 하지 말라는 이야기입니다. 그 이후에도 계속 이런 실험들을 하겠다는 사람들이 찾아올 때마다 벨은 똑같은 이야기를 해줍니다. 웬만하면 경력을 위해서 하지 말라는 것이죠. 왜냐하면 주로 이런 실험을 하겠다는 사람들은 젊은 사람이라서 그래요. 나이 든 사람들은 당연히 하지 않습니다.

이런 것은 물리학에 막 첫발을 내딛고 양자역학 책을 꼼꼼히 읽던 사람이 무언가 이상하다고 생각하는 것에서 시작됩니다. 방황하다가 벨의 논문을 만나면 여기 새로운 길이 있구나 하게 되죠. 이거 사실 굉장히 위험한 거예요. 아스페가 벨을 찾아간 1980년대 분위기도 이런 것을 연구하면 직장을 얻기 힘든 분위기였으니까요. 하지만 이런 용기가 있는 사람이야말로 진정한 영웅이 아닐까요?

아무튼 실험결과는 놀랍게도 벨의 부등식이 위배된다는 겁니다. 양자역학의 실재성에 대한 오랜 논쟁에 종지부를 찍은 거죠. 아인슈타인이 생각한, 즉 국소적이고 실재성을 갖는 조건으로 만든 부등식을 우주가 따르지 않는다는 겁니다. 양자역학은 비국소적, 즉 빛보다 빠른 속도로 정보를 전달하거나 또는 실체가 없다는 겁니다. 국소성, 실재성 둘 중의 하나는 틀렸다는 이야기예요.

이런 의미에서 우주는 실체를 가지고 있지 않아요. 많은 물리

VOLUME 49, NUMBER 2 PHYSICAL REVIEW LETTERS 12 JULY 1982

Experimental Realization of Einstein-Podolsky-Rosen-Bohm *Gedankenexperiment*: A New Violation of Bell's Inequalities

Alain Aspect, Philippe Grangier, and Gérard Roger

Institut d'Optique Théorique et Appliquée, Laboratoire associé au Centre National de la Recherche Scientifique, Université Paris-Sud, F-91406 Orsay, France

(Received 30 December 1981)

The linear-polarization correlation of pairs of photons emitted in a radiative cascade of calcium has been measured. The new experimental scheme, using two-channel polarizers (i.e., optical analogs of Stern-Gerlach filters), is a straightforward transposition of Einstein-Podolsky-Rosen-Bohm *gedankenexperiment*. The present results, in excellent agreement with the quantum mechanical predictions, lead to the greatest violation of generalized Bell's inequalities ever achieved.

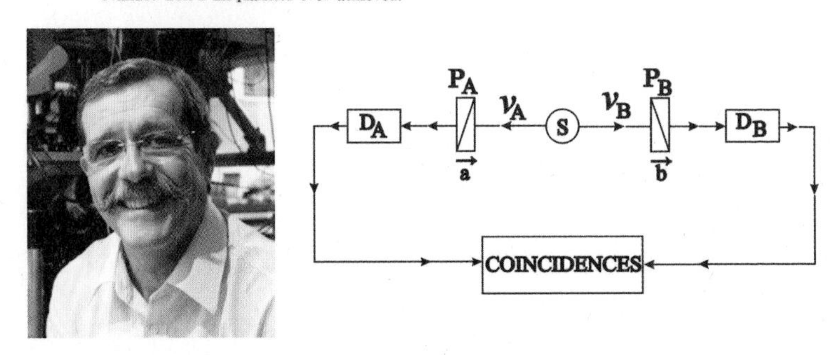

• 비국소적이며 실체가 없는 양자역학 •

학자들이 빛보다 빠른 통신을 워낙 싫어하기 때문에 대부분 실체가 없다는 쪽으로 생각하는 것 같아요. 아직은 논리적으로 이 둘 가운데 어떤 것이 틀린 것인지, 아니면 둘 다 틀린 것인지 알지 못합니다. 어느 쪽을 버릴지는 물리학자에 따라 다를 수 있을 거예요. 여하튼 빛보다 빠른 것은 다들 워낙 싫어하니까, 일단은 실체가 없다는 쪽으로 방점이 놓이는 것 같기는 해요.

원— 일반 사람들 같은 경우에는 이런 식의 문제가 생기면 실체가 없다는 생각을 하기보다는 무언가 빛보다 빠른 것이 있을 거라고 생각을 하게 되잖아요? 그런데 과학자들은 오히려 실체라는 것을 부정하는 쪽으로 성향이 가는 거죠. 왜냐하면 광속한계는 원체 명확한 증거들과 이론들이 나와 있었고 그게 논쟁의 어떤 근거가 되고 있기 때문에 일반 사람들하고는 생각하는 게 다르지 않나 하는 생각이 듭니다.

욱— 그런데 광속보다 빨라도 문제를 피해가는 길은 있어요. 아까처럼 색깔을 보는 순간 빛의 속도보다 빨리 결정은 돼요. 단, 결정은 되었지만 내가 얻은 파란색이라는 결과가 정말로 저쪽이 빨간색이라서 파란색이 된 것인지는 저쪽의 색깔을 알 때까지 알 수가 없잖아요? 다시 또 측정이에요. 내가 저쪽 정보에 대한 측정결과를 듣기 전까지는 이게 그 결과 때문인지 아니면 그냥 무작위로 나온 결과인지 모르기 때문에 어차피 빛의 속도로 오는 정보를 기다려야 해요. 이런 의미에서는 양자정보가 실제로 광속보다 빨리 전달된 것은 아니라고 이야기하는 사람도 있죠.

어쨌든 양자역학 입장에서는 누군가 측정을 하는 바로 그 순간 반대편 알약의 색깔은 결정된 겁니다. 비국소적일 수 있는 거죠. 굉장히 미묘해요. 그러니까 국소성과 실재성 둘 중의 어느 것이 틀린 것인지 모두 고려해야 됩니다.

결국 정리하자면 이렇습니다. '이렇게 괴상한 결과가 나오는데도 양자역학이 완벽하다고 할래?' 하고 아인슈타인이 물었고, '맞아. 우주는 그렇게 괴상해'가 답인 겁니다. 참 믿기 어려운 이

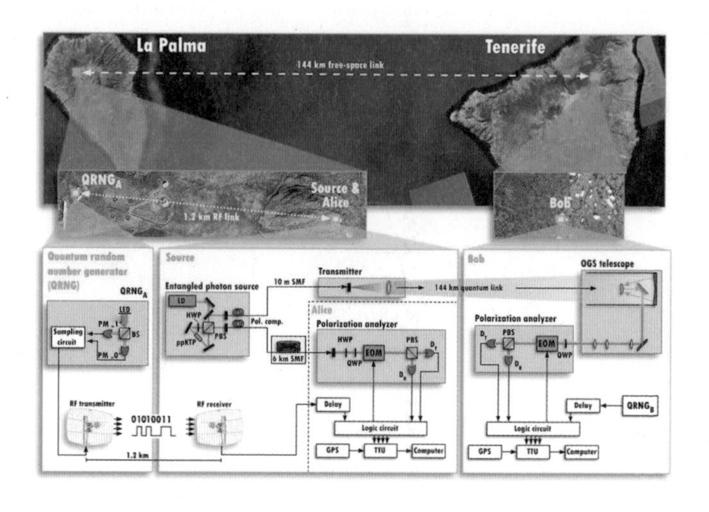

• 144 킬로미터 떨어진 거리에서 이루어진 벨의 실험 •

야기입니다.

첫 번째 실험은 굉장히 짧은 거리에서 했기 때문에 국소적이라는 비판을 피하기 힘들었죠. 비국소성 문제를 질문하기 위해서는 굉장히 멀리서 하는 게 좋기 때문에, 아까 알파-센타우리란 별까지 갔던 겁니다. 그렇게 멀리까지 간 것은 아니지만 2010년에는 제법 먼 거리에서 실험을 합니다. 거리가 무려 144킬로미터나 되었죠.

안톤 차일링거란 이름 기억하시나요? 『양자역학 콕 찔러보기』에서 탄소로 된 축구공 모양의 분자로 이중슬릿실험을 했던 사람이죠. 슈뢰딩거 고양이 이야기할 때 말이에요. 이 실험도 그 사람의 그룹이 한 겁니다. 안톤 차일링거는 노벨상을 기다리고 있는데 언제 줄지는 모르겠네요.

이런 실험들에는 여러 가지 허점loophole이 있을 수 있기 때문에, 여러 사람들이 반복해서 확인실험을 하고 있습니다. 지금까지는 전부 다 벨의 정리가 위반되고 있어요. 우주는 정말 비국소적이거나 실체가 없는 겁니다.

여기서 자유의지 이야기를 조금 하고 가겠습니다. 사실 벨의 부등식에서 한 가지 빠뜨린 이야기가 있어요. 벨이 부등식을 만들 때 숨은변수가 가져야 할 두 가지 성질을 가정했다고 말했죠. 바로 실재성과 국소성입니다. 근데 엄밀하게 말하면 그것 말고도 한 가지를 더 가정해야 합니다. 그런데 그 가정은 너무나 당연해서 따로 정확하게 언급하지 않았죠. 벨의 부등식을 보면 AC, AD, BC, BD, 이렇게 네 가지 기호들의 네 가지 조합이 있습니다. 여기서는 색깔이 아니라 네 가지 물리량을 네 가지 방식으로 측정하기 때문입니다. 두 개의 알파벳은 관측자 두 사람이 각각 측정하는 물리량을 나타내죠.

안톤 차일링거 안톤 차일링거Anton Zeilinger(1945~)는 오스트리아의 양자물리학자로, 2008년에 아이작 뉴턴 메달을 수상했다. 빈대학에서 양자정보와 양자전송에 관한 실험연구를 했다. 휠러의 정보우주 해석을 지지하며, 『아인슈타인의 베일』이라는 대중서적을 쓰기도 했다.

예를 들어 AC는 이쪽 사람이 A를 저쪽 사람이 C를 측정하는 식입니다. 여기서 이쪽 사람이 A를 측정할지 B를 측정할지, 또는 저쪽 사람이 C를 측정할지 D를 측정할지 하는 것은 자기 자유의지대로 할 수 있습니다. 그러니까 색깔을 잴 것인지 길이를 잴 것인지 하는 것은 마음먹기에 달린 거잖아요. 그런데 그게 정말 자신의 마음대로 한 것인지는 모르는 겁니다. 왜냐하면 철학에서는 과연 자유의지가 있는지 하는 것도 논란이 많은 문제이기 때문이죠. 지금 실체가 정말 존재하는지를 걱정하는 사람들이 자유의지는 당연히 있다고 하는 게 말이 됩니까? 이건 안 되겠죠.

나중에 물리학자들이 이 문제를 인식하게 되면서 실험관측자가 무엇을 선택할 것인지 자유롭게 할 수 없다고 가정하면 무슨 일이 벌어지는지 연구했죠. 그러면 국소성과 실재성 가정을 하더라도 벨의 부등식에 위배될 수 있습니다. 결국 벨의 부등식이 위배되었을 때, 문제가 되는 가정은 두 가지가 아니라 세 가지인 거죠. 우주가 비국소적이거나 실재성이 없거나, 아니면 실험자의 자유의지가 없거나 하는 것이죠. 자유의지가 없다는 것은 모든 것이 다 결정되어 있다는 겁니다. 결정론이에요.

암튼 자유의지의 존재가 물리학에서도 당연한 가정은 아니에요. 아인슈타인이 이야기했듯이 고전역학의 신은 주사위를 던지지 않습니다. 결정론적이라는 말이죠. 고전역학에 자유의지는 없습니다. 물론 결정론과 자유의지의 관계도 미묘하고 어렵지만, 일단 후려쳐서 이렇게 넘어가겠습니다. 그러니까 양자역학에서 자유의지를 가정하는 것은 그 자체로 모순일 수 있는 거죠.

너무 철학적이라고요? 로거 콜벡과 레나토 레너는 2011년 《네이처 피직스Nature Physics》 저널에 양자역학의 완결성에 대한 논문을 출판합니다. 이 논문은 양자역학을 포함하는 더 큰 이론이 존재할 수 있는가를 묻고 있습니다. 이것은 앞에서 이야기했던 양자역학의 해석이 맞느냐가 아니라 양자역학이 모든 것을 설명하는 이론이냐는 질문입니다. 이 사람들의 결과가 재미있습니다.

양자역학을 포함하는 더 큰 이론이 있다고 가정했을 때, 그 더 큰 이론에서 나오는 결과, 정확히 이야기해서 정보의 양이 양자역학이 주는 정보의 양보다 더 많지 않다는 걸 수학적으로 증명한 거죠. 결국 양자역학이 완벽하다는 거예요.

여기서 정말 재미있는 게 이런 결론을 얻기 위해 단 하나의 추가적인 가정이 필요합니다. 그것은 자유의지가 있다는 것이죠. 그러니까 자유의지의 존재가 양자역학의 완벽성을 보장한다는 이야기입니다. 저라면 자유의지를 쉽게 버릴 수 있어요. 그런데

로거 콜벡과 레나토 레너 로거 콜벡Roger Colbeck과 레나토 레너Renato Renner는 스위스연방공과대학 이론물리학연구소의 이론물리학자들이다.

양자역학은 못 버리기 때문에 이건 간단한 문제가 아닙니다.

자유의지가 이런 식으로 물리학에 깊숙이 들어와 있어요. 일반 대중들은 샘 해리스 같은 신경과학자나 철학자들이 이야기하는 자유의지 논쟁만 알고 있는데, 물리학에선 지금 이런 문제가 실험으로 검증 가능한지 질문하고 있어요.

샘 해리스 샘 해리스Sam Harris(1967~)는 미국의 신경과학자이자 『자유의지는 없다』라는 저술을 한 작가이다. 리처드 도킨스, 대니얼 데닛과 함께 종교적 도그마와 지적 설계론을 비판하고 있다.

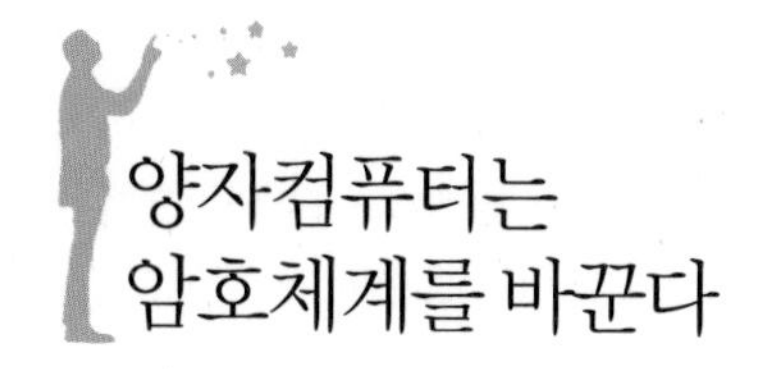

양자컴퓨터는 암호체계를 바꾼다

욱 ― 지금까지 한 이야기는 너무 학문적인 내용이라고 느껴지지 않나요? 하지만 이런 이야기가 오늘날 정부의 10대 국책과제에서 언급된다면 믿으시겠어요? 바로 양자컴퓨터입니다.

'양자얽힘'의 중요성이 한동안 간과되고 있다가 요즘 갑자기 중요해진 이유가 뭘까요? 20세기 말 이걸 이용하면 지금까지 만들었던 그 어떤 컴퓨터보다 더 강력한 컴퓨터를 만들 수 있다는 사실을 깨닫게 돼서 그렇습니다.

지난 10~15년 동안 전 세계의 모든 나라들이 사활을 걸고 양자컴퓨터를 만들려고 하고 있습니다. 바로 오늘 이야기한 내용이 양자컴퓨터를 개발하는 데 중요한 것이죠. 이 때문에 그저 사변적인 이야기였던, 때론 알면 안 되는 또는 알면 위험했던 이론이 물리학의 변방에서 중심으로 들어오게 된 거죠.

지금부터 대체 양자컴퓨터가 무엇이며, 왜 기존의 컴퓨터보다 훨씬 막강할 수 있는가 하는 이야기를 하려고 합니다. 내용이 많아서 아주 짧게 이야기를 하겠습니다. 컴퓨터나 스마트폰, 이런 거 알고 보면 기본 원리 자체는 아주 간단합니다. 물리학자 입장에서 이건 0과 1로 되어 있는 숫자를 처리하는 기계입니다. 컴퓨터는 말 그대로 계산하는 '것'이란 뜻이죠. 한마디로 계산기입니다. 이걸로 모든 걸 할 수가 있어요. 지금은 컴퓨터를 작동시킬 때 마우스로 클릭만 하면 되지만, 옛날에는 키보드로 명령어를 직접 쳤어요. 'delete file' 하고 명령어를 치면 파일을 지웠죠.

컴퓨터는 알파벳으로 쓰인 이런 모든 명령어를 다 숫자로 바꿉니다. 예를 들어 'A'는 '65', 'B'는 '66', 이런 식으로요. 명령은 모두 문장이나 텍스트로 쓸 수 있고 이것들은 다 숫자로 바꿀 수 있어요. 일단 숫자가 되면 모든 숫자는 다 이진법으로 나타낼 수가 있습니다. 여러분이 말로 할 수 있는 모든 것, 생각할 수 있는 모든 것도 원리적으로는 숫자로 바꿀 수 있어요.

우리가 보는 모든 것을 숫자로 바꾸는 기계가 디지털카메라입니다. 결국 0과 1만 가지고 모든 걸 표현할 수 있다는 것이 중요합니다. 따라서 명령이 입력되고 그에 따라 실행되는 모든 행위는 0과 1의 숫자들이 또 다른 0과 1의 숫자들로 바뀌는 것에 지나지 않습니다. 컴퓨터가 하는 일을 한마디로 하면 0과 1로 되어 있는 숫자들을 다른 0과 1로 바꾸는 겁니다. 단지 그걸 빠른 속도로

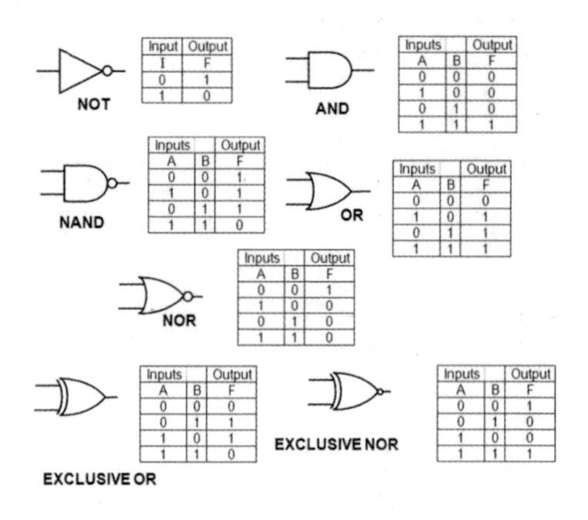

• 스마트폰은 수많은 논리-게이트의 조합 •

하는 거죠.

0과 1의 한 쌍을 '비트bit'라고 불러요. 실제 전자회로에서 0과 1이라는 숫자는 존재하지 않으니까, 전압이 0볼트인 것이 0, 전압이 5볼트 걸린 게 1입니다. 전압이 0볼트, 5볼트, 5볼트, 0볼트, 5볼트, 0볼트, 0볼트, 5볼트라면 0, 1, 1, 0, 1, 0, 0, 1이 되는 거죠. 이것이 지금 스마트폰 안에서 벌어지는 일이에요.

위의 그림은 하나 혹은 두 개의 0과 1이 입력되었을 때 나올 수 있는 모든 가능한 결과를 정리해놓은 것입니다. 이것들을 '논리-게이트Logic-Gate'라고 합니다. 0과 1을 논리에서는 거짓과 참으로 생각할 수도 있기 때문이죠. 이런 논리-게이트들은 전자회로로 구현 가능합니다. 논리-게이트들을 잘 조합하면 컴퓨터게임

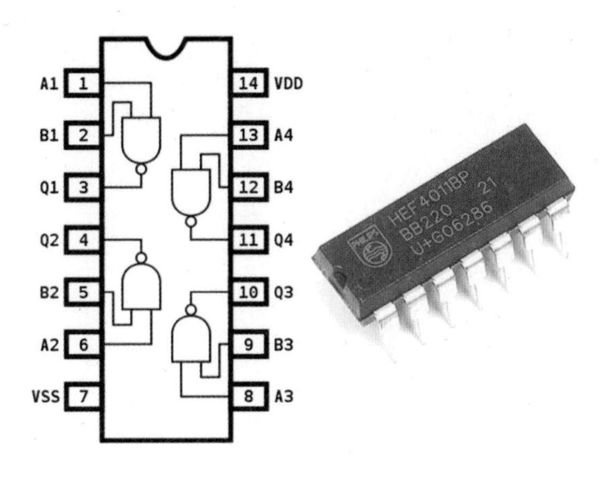

• 컴퓨터는 0과 1을 다른 0과 1로 바꾸는 기계 •

에서 유닛이 움직이게 할 수도 있고, 엑셀 프로그램에서 표의 한 줄을 모두 더하게 할 수도 있습니다.

실제로 집적회로 IC 칩을 보면 그 안에 논리-게이트들이 들어 있어요. 이런 것들이 많이 모인 게 여러분이 돈 주고 사는 컴퓨터 칩들이고요. 이런 논리회로들을 이용하여 모든 컴퓨터 프로그램이 작동되는 거죠. 컴퓨터라는 게 별거 아닙니다. 결국 가장 근본적인 수준에 가면 0과 1을 다른 0과 1을 바꾸는 과정에 지나지 않는 겁니다. 물론 이렇게만 이야기하면 공학자들은 분노할지도 모르겠네요.

자, 이제 양자역학이 어떻게 컴퓨터에 쓰일 수 있는지 생각해 봅시다. 고전역학에서 정보는 반드시 0 아니면 1만 가능합니다.

전압으로 이야기하면 0볼트이거나 5볼트가 가능하죠. 하지만 양자역학을 고려하면 정보가 동시에 0과 1이 될 수가 있습니다. 이것은 전자가 두 개의 구멍을 동시에 지나는 것과 똑같은 겁니다. 왼쪽 구멍을 지나는 게 0이고, 오른쪽 구멍을 지나는 걸 1로 하면 되잖아요. 전압이 0볼트이면서 5볼트인 상태를 동시에 만들 수가 있다는 뜻이에요.

이런 정보를 양자역학적인 '비트'라고 해서 '양자비트quantum bit' 혹은 '큐비트qbit'라 부릅니다. 양자컴퓨터가 일반 컴퓨터와 다른 가장 큰 차이점은 상태가 중첩으로 존재할 수 있다는 겁니다.

그럼 앞에서 이야기한 양자얽힘은 어떤 역할을 할까요? 컴퓨터 프로그램에서 중요한 것 중 하나가 조건문입니다. 예를 들어 '파일을 지우라' 하면 파일을 지울까 말까 하는 질문이 뜨잖아요? 이때 'Yes'를 누르면 지우고, 'No'를 누르면 안 지우죠.

이처럼 답변에 따라 다르게 행동하는 프로그램을 분기 또는 조건문이라고 합니다. 그러니까 Yes, No의 답변과 지울지 안 지울지 하는 사건의 정보가 서로 얽혀 있는 거죠. 파란색 알약을 집으면 나머지가 빨간색인 것과 비슷한 겁니다.

양자역학에서는 한쪽이 무엇인지 알면 그 순간 다른 한쪽이 결정되어버려요. 측정이 결과를 바꾸잖아요. 여러분이 양자역학적 조건문을 만들려면 조건들이 동시에 존재하는 그런 상황이 필요한 거죠. Yes를 0, No를 1이라고 하고, 안 지우는 것을 0, 지우는 것을 1이라고 해보죠. 그러면 양자역학에서는 파일을 지울지 물어보는 조건문을 다음과 같이 표현할 수 있습니다.

$$\psi = \frac{1}{\sqrt{2}}\left(|0\rangle_a|1\rangle_b + |1\rangle_a|0\rangle_b\right)$$

앞에서 알약으로 나타냈던 거 기억하시죠? 즉, Yes(0)와 지우는 것(1), No(1)와 안 지우는 것(0)이 얽혀 있는 겁니다. 이 문장이 '양자얽힘' 문장이죠. 바로 EPR 상태입니다.

원— 휴! 어렵습니다.

욱— 그래서 양자역학이 컴퓨터에 들어올 때 꼭 필요한 게 '얽힘'이죠. 물론 가장 중요한 것은 중첩, 동시에 0과 1이 될 수 있어야 하죠.

자, 이제 예를 들어볼게요. 데이비드 도이치는 양자알고리즘을 처음 만든 사람입니다. 이미 이야기했듯이 컴퓨터가 하는 일은 0과 1을 다른 0과 1로 바꾸는 겁니다. 여기 어떤 컴퓨터가 있는데, 이것은 $f(x)$라는 함수의 값을 계산해줍니다. 여기다가 0이나 1을 입력하면 각각 0 또는 1이 나오죠. 이 컴퓨터 주인은 욕심이 많은 사람이라 함수를 한 번 이용할 때마다 100만 원을 내라

데이비드 도이치 데이비드 도이치David Deutsch(1953~)는 이스라엘 태생의 영국 물리학자이다. 양자 전산이론에서 양자 튜링기계와 도이치-조샤 알고리즘Deutsch-Jozsa algorithm을 개발했다. 양자역학의 다세계해석을 지지한다.

고 합니다.

제가 알고 싶은 것은 $f(x)$에 0을 입력한 결과와 1을 입력한 결과가 같은지 하는 겁니다. 수식으로 쓰면 "$f(0)=f(1)$?"입니다. 고전적인 방법으로는 그 컴퓨터를 두 번 써야 합니다. 0을 한 번 넣어보고, 또 1을 한 번 넣어보고 나서 결과가 같은지를 비교해야만 답을 얻을 수 있잖아요. 그래서 200만 원을 내야 되죠.

그런데 양자역학은 200만 원을 쓰지 않아도 돼요. 왜냐하면 0과 1을 중첩으로 동시에 갖는 상태를 만들 수가 있잖아요. 그래서 0과 1에 대해서 동시에 물어볼 수 있습니다. 동시에 물어보고 동시에 대답을 얻으니까 100만 원만 쓰면 됩니다. 지금 두 배 빨라진 거죠? 이 이야기가 우스개로 들리시겠지만, 이런 아이디어를 잘 이용하면 알고리즘이 빨라진다는 것을 아실 수 있겠죠?

양자알고리즘 가운데 가장 유명한 것이 '팩토리제이션 알고리즘factorization algorithm'입니다. 팩토리제이션은 우리말로 소인수분해라는 뜻인데, 양자역학을 사용하면 고전적인, 그러니까 보통의 알고리즘보다 굉장히 빨리 소인수분해를 할 수가 있어요. 소인수분해 빨리 하는 게 뭐 대수냐고요? 현재 인터넷에서 사용하고 있는 대부분의 암호통신은 소인수분해를 하는 데 엄청나게 오랜 시간이 걸린다는 수학적인 사실에 기반을 두고 있습니다. 누군가 소인수분해를 빨리 할 수 있으면 현재 사용하는 암호체계를 완전히 바꿔야 해요. 인터넷뱅킹, 인터넷쇼핑몰 같은 것도 모두 해당됩니다. 양자컴퓨터에 왜 미국 국방부가 투자하는지 아시겠죠?

원— 우리는 공인인증서부터 먼저 좀 해결을 하고 양자컴퓨터를 도입해야죠.

욱— 그럴지도 모르겠네요. 최근에 양자컴퓨터와 관련된 재미있는 뉴스가 있어요. 혹시 양자컴퓨터가 만들어졌다는 기사를 보신 적 있나요? 자칭 최초의 양자컴퓨터라고 주장하는 이 녀석에게는 '디-웨이브D-Wave'라는 이름이 붙어 있습니다. 오리온시스템이라는 회사에서 2007년에 세계 최초로 양자컴퓨터를 만들었다고 발표했습니다. 당시는 큰 관심을 끌지 못했죠.

그런데 2011년에는 '디-웨이브 1'을 출시해서 큰 화제가 됩니다. 아주 고가에 팔렸거든요. 얼마였을까요? 1,000만 달러니까 100억 원쯤 됩니다. 더구나 이것을 산 회사들의 리스트는 화려하기 이를 데 없습니다. 구글과 미국 군수회사 록히드 마틴입니다. 급기야 2013년 5월에 '디-웨이브 2'가 나오니까 '양자인공지능연구소Quantum Artificial Intelligence Lab'라는 곳에서 삽니다. 이 회사는 NASA와 구글, '우주연구 대학연합USRA'에서 공동출자한 회사입니다.

많은 사람들은 아직 양자컴퓨터가 만들어지지 않았다고 알고 있지요. 세계 최고 수준의 실험실에서는 아주 조잡한 수준으로 만들었던 게 있습니다. 2001년에는 15를 3과 5의 곱으로 인수분해 하는 논문이 《네이처Nature》에 실리기도 합니다. 그런데 상용

• 디-웨이브는 양자컴퓨터인가? 양자컴퓨터는 실존하는가? •

양자컴퓨터가 시장에서 팔리고 있는 거죠. 학계에서는 디-웨이브에 대해서 별로 좋아하지 않아요. 왜냐하면 처음에 디-웨이브의 작동원리에 대해 공개하지 않았거든요.

어쨌거나 큰 회사들이 사가니까 미칠 노릇이죠. 아직 이것에 대해 뭐라고 해야 할지 모르겠는데 저도 호감을 가지고 있지는 않아요. 모든 걸 공개하지 않고 단지 빨라졌다고만 주장하거든요. 빨라졌다는 주장에 대해서도 많은 논란이 있었습니다. 한 가지 지적할 것이 있어요. 디-웨이브는 여러 가지 용도에 쓰일 수 있는 범용 컴퓨터가 아니라 '최적화'라는 특수한 문제만을 풀 수 있는 '기계'로 알려져 있습니다.

2014년 5월 대규모로 '디-웨이브'를 검증하는 실험이 있었고,

결론은 이것이 정말 빠른 건지도 확실치 않다는 겁니다. 그동안 실험할 때마다 다른 결과가 나왔는데, 사용한 샘플의 수에 따라 들쭉날쭉했었죠. 이번 실험은 현재까지 이루어진 실험 가운데 가장 대규모의 것이었어요. 여기서 결과가 부정적이었기 때문에 아마 당분간은 '디-웨이브'의 입지가 흔들릴 것 같습니다.

아직 확실하게는 모르겠습니다만, 일단 학계의 주류 분위기는 디-웨이브가 양자역학을 제대로 이용했는지 잘 모르겠고, 정말 성능이 뛰어난 것인지도 불확실하고, 설사 잘 작동하더라도 범용이 아니니 큰 쓸모도 없을 것 같다는 겁니다. 한마디로 사기에 가깝다는 거죠. 요즘 양자컴퓨터 분야에 이런 논쟁이 있다는 것을 아시면 됩니다.

원— 이 실험결과에 대한 저널의 기사는 양자컴퓨터가 일반 컴퓨터보다 빠르지 않았다는 식으로 제목이 붙어 있는 거죠?

욱— 비슷한 수준으로 나왔다는 뜻이죠.

원— 별 차이가 없다. 훨씬 비싼 건데 차이가 없다면 헛돈을 쓰는 거죠?

욱— 디-웨이브의 가격은 수백억 원이에요. 그런 큰돈 주고 살 필요가 없는 거죠.

원— 그러게요. 세상에 이런 사람들이 있어요.

욱— 모르겠어요. 나중에 이들이 정말 혁명가로 이름이 남을지, 아니면 사기꾼으로 남을지는 모르죠. 혁명가가 아닐 확률이 크다고 봐요. 보통 모든 것을 다 공개하고 속속들이 하나씩 하나씩 검증했을 때에만 과학적으로 의미 있는 발전이거든요. 공개하지 않고 결과만 그럴듯하게 나왔을 때는 옳을 확률이 별로 크지 않아요. 솔직히 잘 모르겠습니다. 어쨌든 이 논쟁은 조금씩 가닥이 잡혀가는 것 같아요.

원— 그 컴퓨터 회사의 영업이 대단한 거예요. 증명도 안 된 사실과 상황을 가지고 구글에 팔고 록히드 마틴에 파는 거죠. 그 사람들이 바보입니까? 진짜 대단한 거예요.

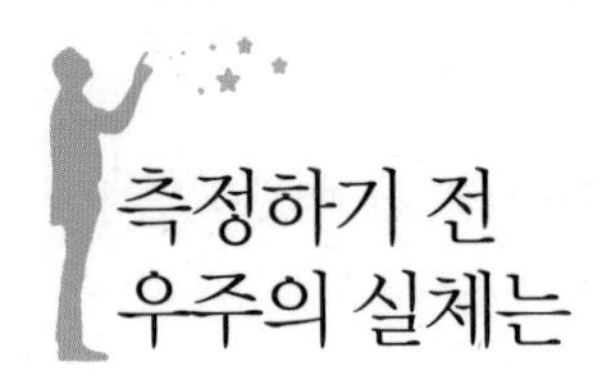

측정하기 전 우주의 실체는

욱— 마지막으로 정리할 것이 남아 있습니다. 양자역학 이야기를 계속하다 보니 우주의 실체가 없을지도 모르는, 그런 결과까지 나왔잖아요? 그 지점으로 돌아가서 다시 생각해봅시다. 나는 생각합니다. 그래서 내가 존재하나요? 우리가 매트릭스 안에 있는 것이 아닌가 하는 질문일 수도 있죠. 양자역학이 말한 대로 정말 모든 것이 측정하는 순간에 만들어지는 거라면, 그 전에 대상이 존재했는가는 확실하지 않습니다. 대상에 대한 실재성에 의심이 가는 거죠. 저희가 마지막으로 정리할 것이 바로 실체라는 것의 의미가 무엇일까 하는 것입니다. 이 이야기는 조금 SF 같은 느낌도 들 겁니다.

양자역학에서는 대상에 대해 알기 위해서는 대상을 관측해야 합니다. 만일 내가 우주의 모든 것을 알고 싶어요. 양자역학에 따르면 저는 우주 밖으로 나가야 됩니다. 우주 안에서는 결코 우주를 다 알 수가 없습니다. 최소한 나 자신을 뺀 우주의 나머지를 알 수 있을 뿐인데, 우주 전체에서 나를 뺀 나머지 우주가 전체 우주와 같을지는 잘 모르기 때문이죠. 우주 밖으로 나가서 본다는 게 무슨 말이죠? 우주의 정의는 밖이 없다는 것이거든요. 여기서 기묘한 모순에 부딪히게 됩니다.

우주 전체를 이해하기 위해서 어떤 계산기를 만든다고 합시다. 사실 어떤 의미에서 우리 머리도 계산기예요. 아까 컴퓨터의 원리를 설명할 때 0, 1을 이야기했는데 우리 뇌에서 일어나는 일도 핵심만 보면 원리적으로는 컴퓨터하고 비슷해요. 세포막을 통해 이온이 움직이며 전류가 흐르면 1이고, 그렇지 않으면 0이거든요.

결국 우주를 이해한다는 것은 어떤 인간의 뇌가 적절한 정보처리를 통해 이해한 것으로 보이는 결과에 도달했다는 것이죠. 이해가 무엇인지에 대해서는 1편에서 다룬 적 있으니 계속하겠습니다. 이해의 주체가 꼭 인간의 뇌일 필요는 없겠죠. 인간의 뇌도 일종의 정보처리 장치니까요. 인간의 뇌를 대신해서 어떤 컴퓨터가 0과 1을 가지고 정보처리를 해서 이해했다는 결과를 내놓으면 된 겁니다.

자, 여기 우주를 이해하기 위해 만든 컴퓨터가 있다고 해봅시다. 이 컴퓨터가 어느 정도의 능력을 가져야 할까요? 앞에서 했던 이야기를 생각해보세요. 우주를 이해하려면 이 컴퓨터가 우주 자신이 되지 않으면 안 된다는 결론에 도달할 수밖에 없어요. 우선 컴퓨터가 담을 수 있는 정보를 가지고 우주의 일부를 이해하려 할 겁니다. 이것만으로는 우주 전체를 이해하기에 부족하겠죠? 그래서 보다 많은 정보를 담기 위해 컴퓨터가 더 커집니다. 그렇게 자꾸만 더 커져서 결국 컴퓨터가 우주를 이해하는 순간 이 컴퓨터는 전체 우주가 되는 거죠. SF에 가까운 이야기지만, 지적 유희라고 생각하시고 재미있게 즐겨보세요.

자, 이제 이런 질문을 할 수 있어요. 여러분이 우주 전체를 사용해서 만들 수 있는 컴퓨터의 능력은 얼마만큼 될까요? 이것은 SF가 아니라 심각한 과학적 질문입니다. 《네이처》에 세스 로이드라는 물리학자가 쓴 논문의 제목이죠. 정확히는 「궁극적 컴퓨터의 한계, 우주로 만든 컴퓨터의 한계」입니다. 이제 이런 질문을 한 이유를 아시겠죠? 우주가 컴퓨터라면, 컴퓨터가 하는 일은 0을 1로 바꾸는 거니까, 우주의 컴퓨터로서의 능력은 0을 1로 얼마나 빨리 바꾸느냐인 겁니다. 여러분이 가지고 있는 펜티엄 컴

세스 로이드 세스 로이드Seth Lloyd(1960~)는 MIT의 기계공학과 및 물리학과 교수이다. 최초로 실현 가능한 양자컴퓨터 모델을 발전시켰으며, 계속해서 양자컴퓨터와 양자정보의 실현을 위해 연구하고 있다. 그는 우주를 거대한 양자컴퓨터로 볼 수 있다는 주장을 펼치고 있다. 『프로그래밍 유니버스』라는 양자컴퓨터와 우주에 관한 대중서를 썼다.

• 우주 전체를 사용해서 만들 수 있는 컴퓨터의 능력은? •

퓨터의 속도는 '2.3기가헤르츠'같이 표현됩니다. 팬티엄 칩의 '클록clock' 주파수를 뜻하는 건데, 1기가헤르츠란 1초에 10^9번, 즉 10억 번 0과 1 사이를 왔다 갔다 할 수 있다는 겁니다.

이게 요즘 우리가 쓰는 컴퓨터의 능력이에요. 그런데 0과 1을 왔다 갔다 한다는 것은 물리적으로 두 개의 에너지 상태를 왔다 갔다 한다는 겁니다. 양자역학 공부를 좀 해보시면, 두 에너지 상태를 오가는 시간은 그 두 상태의 에너지 차와 반비례합니다. 하이젠베르크의 불확정성원리의 시간에 대한 버전인데, 복잡한 이야기라서 자세히 설명하지는 않겠습니다.

결국 우주 전체로 만들 수 있는 컴퓨터의 최대 속도는 플랑크

상수를 우주 전체 에너지로 나눈 것 정도가 됩니다. 이것은 계산할 수 있어요. 우주에는 1세제곱센티미터에 수소원자 1개 정도의 물질이 있습니다. 지금 제가 우주 전체의 에너지라고 할 때에는 암흑물질, 암흑에너지는 제외한 겁니다. 우주에 있는 모든 물질의 에너지로부터 컴퓨터의 최대 클록 주파수가 나오죠. 우주가 탄생해서 지금까지 138억 년이 지났으니까 이 클록 주파수 곱하기 138억년 하면 우주가 0과 1을 최대 몇 번 정도 왔다 갔다 했는지 계산할 수가 있습니다. 그렇게 얻은 결과가 대략 10^{122}입니다. 우주가 제 아무리 몸부림쳐도 우주 탄생 이래 지금까지 물리학이 허용하는, 양자역학이 허용하는 한계가 바로 이겁니다.

물론 우리에게 이렇게 큰 수를 표시하는 단어는 없어요. 10^{100}이 구골googol입니다. 검색엔진 구글의 이름이죠. 10^{122}은 구골보다 더 큰 숫자입니다. 물론 어마어마하게 큰 수입니다만, 어쨌든 놀랍게도 한편으론 당연하게도 유한한 숫자라는 거죠. 이건 속도에 대한 것이고요. 컴퓨터가 작동하려면 정보를 저장할 메모리가 필요하죠. 0과 1이 어딘가에 있어야 할 것 아니에요. 아까 이야기한 계산을 하면 돼요. 우주에는 1세제곱센티미터에 수소원자 하나가 있고 수소원자 한 개가 1비트라고 가정을 한다면, 우주 전체는 약 10^{90}비트입니다. 요즘 컴퓨터는 메모리가 보통 4기가 DRAM 정도 되죠. 4기가 DRAM의 메모리로 4기가헤르츠 정도의 속도로 작동하고 있어요. 우주 전체를 컴퓨터로 환원하자면 10^{90}비트의 메모리로 지금까지 10^{122}번 정도 계산을 한 겁니다.

달리 이야기하면 이 정도의 계산을 할 수 있는 컴퓨터가 어딘가 있으면, 우주 전체를 모사할 수 있다고까지 말할 수 있는 겁니다. 우주를 정보로 나타낸다면 그것밖에 안 돼요.

이것은 어찌 보면 아주 무시무시한 결론입니다. 물론 다수의 물리학자가 이런 식으로 우주를 환원하는 것을 지지하지 않습니다. 이것 역시 여전히 SF의 영역이고, 옳다는 아무 증거도 없습니다.

양자역학은 실체나 물질이 아니라 상태 혹은 정보만을 이야기합니다. 양자역학이 말하는 상태는 고양이가 죽어 있는 것도 아니고 살아 있는 것도 아니고, 동시에 죽었거나 산 것도 가능한, 그런 것이 진실이라는 걸 이야기해주고 있어요. 그러면 우리가 실체에 대한 모든 것을 다 버리고 우주는 단순히 양자역학이 이야기하는 정보의 집합체이고, 단지 우주는 그 정보를 계산하는 것뿐이라고 생각 못할 이유가 뭐냐는 겁니다. 그 계산의 알고리즘이 양자역학인 거죠. 그러면 무한히 큰 계산기가 필요하냐? 그렇지 않다는 거예요. 10^{90}비트 메모리로 10^{122}번 계산할 수 있는 컴퓨터가 있다면 우주를 정보로 환원할 수 있습니다. 우리 우주가 컴퓨터로 시뮬레이션 될 수도 있다니, 정말 가슴 아픈 이야기일 수도 있어요.

원— 그것을 반대로 이야기하면 만약에 어딘가에 그런 컴퓨터가 존재한다면 우리가 살고 있는 우주를 그려낼 수 있다는, 또는 만들어 낼 수 있다는 이야기인가요?

욱— 우주와 같다는 것이죠. 그런데 다시 강조하지만 이건 아직 SF이고요. 저는 빡빡한 과학자로서 이게 옳다고 주장하지는 않습니다. 이런 데까지 갈 수도 있다는 겁니다. 이런 분야를 '정보우주' 혹은 '시뮬레이션 우주'라고 부릅니다. 국내에도 이런 주장을 소개하는 책들이 몇 권 번역되어 나와 있습니다. 혹시 흥미가 있는 분들은 찾아보시면 될 것 같아요.

오늘 제가 너무 오랫동안 이야기한 거 같아요. 아마 많은 분들이 굉장히 힘드실 것 같기도 합니다. 이제 오늘 이야기를 정리해 보죠. 전반부에서는 양자역학의 1편을 정리했습니다. 양자역학의 가장 중요한 내용은 측정이 대상을 바꿀 수 있다는 것과, 하나의 입자가 동시에 두 개의 상태를 가질 수 있다는, 즉 중첩될 수 있다는 거였죠.

후반부에서는 두 개의 입자가 아주 기괴한 방식으로 얽힐 수 있다는 이야기를 했습니다. 그로부터 우주의 실체성에 대해 의문을 던져야 되는 지경까지 가야 했죠. 그럼에도 불구하고 전반부에서 다룬 양자역학의 내용은 20세기 이후 모든 첨단 문명의 기반이 됩니다. 후반부에서 다룬 양자얽힘이라는 현상도 정말 괴상하지만 이것을 사용해서 양자컴퓨터를 만들려고 하는 그런 단계에 와 있습니다. 여기서 우리가 한 발짝 더 나아가면, 물론 아직은 SF이지만 우주를 하나의 거대한 정보처리기계로 볼 수 있다는 데까지 생각이 미칠 수 있습니다. 이것으로 오늘 이야기를 마치도록 하겠습니다.

원— 저는 어떻게 해서든 SF와 비슷한 쪽으로 이야기를 끌어내려고 하면서 좀 더 그쪽으로 끌고 가보려고 하는데 그냥 이렇게 딱 자르네요. 마지막 이야기가 굉장히 인상적입니다. 물론 그것이 진짜 과학이 아니고, 그렇게 생각하는 사람도 있으며 가능성이 있다고 하는 정도겠지만 말이죠.

그런데 이 세상이 전부 게임 〈심시티Simcity〉 같은 시뮬레이션이라면, 사실 우리는 거기 살고 있는 프로그램인 주제인데, 이제 막 우리를 구동할 수 있는 컴퓨터가, 우리가 알고 있는 우주 전체를 구동할 수 있는 컴퓨터가 어느 정도의 용량이 되어야 하는지를 알게 된 거죠. 만일 우리가 그 심시티에 살고 있다 하더라도 이것은 엄청난 성과를 거둔 것이죠. 그래서 지금까지 했던 이야기들이 정말 재미있었습니다.

실재한다는 것은 무엇인가?

원– 이제부터 이 이야기들에 대한 질문을 받겠습니다. 상당히 많은 질문들이 있을 것 같습니다. 이 질문들에는 비슷한 질문도 꽤 있을 거예요. 첫 질문입니다. "아인슈타인이 말한 국소성, 실재성을 양자역학에서 적용한다면 '양자얽힘'으로 정보를 빛의 속도 이상으로 옮길 수 있는가 하는 문제에 대해서, 국소성은 옳다고 보고 실재성이 없을 거"라고 했는데 여기까지 맞나요?

욱– 그렇게 볼 수도 있죠.

원– 그렇게 볼 수도 있다고요. "여기서 국소성은 광속 이상으로 정보를 옮길 수 있는가 여부에 대한 이야기로 이해를 했는데 실재성은 정확히 어떤 의미인지 모르겠습니다. 빨간 알약과 파란 알약은 사실 없는 거고 보는 순간 존재한다는 의미인가요? 양자역학에서 실체가 없다는 이야기는 어떤 의미인지 설명 부탁합니다.” 이런 질문입니다.

욱— 실재성은 아까 제가 아인슈타인이 EPR 논문을 썼을 때 정의를 했다고 말했습니다. 그 의미는 아인슈타인이 정의한 그뿐입니다. 어떤 물리량이 실재한다면 측정하기 전에 그 물리량이 이미 결정이 되어 있다는 것을 의미하는 거죠. 다른 분야도 그렇지만 용어를 사용할 때는 굉장히 조심해야 돼요. 특히 일상생활에서 쓰는 용어를 과학에서 쓸 때에는 혼란을 일으킬 여지가 많습니다.

실체實體나 실재實在라는 단어도 상황에 따라 여러 가지 의미를 가질 수 있습니다. 이 단어를 사용하는 사람이 종교가 있는지 없는지에 따라, 또는 어떤 철학적 배경이 있는지에 따라 다를 수 있을 겁니다. 과학자들이 실재성 논쟁에서 염두에 두는 것은 오직 물리량이 측정 전에 정의되어 있느냐 하는 것입니다. 그러니까 우선 물리량으로 표현될 수 없는 것에 대해서는 이야기할 수 없어요. 측정하기 전 물리량에 대해 알지 못한다는 것을 두고서 실제로 존재가 없는 거냐고 물으면 그건 다른 문제라고 답해드리겠습니다. 존재에 대한 정의가 필요하잖아요? 빨간 알약인지 파란 알약인지 전혀 알 수 없을 때, 적어도 알약은 존재하는 것인지, 아니 적어도 색은 존재하는 것이지 하는 질문을 할 수도 있죠.

사실 저는 ‘실제로’라는 말이 무엇을 뜻하는지도 모르겠어요.

다시 말하지만 여기서는 '측정하기 전에 그 값이 정해져 있느냐' 하는 것만 이야기하는 겁니다. 이로부터 파생되는 다른 이야기들은 우리가 일상적 용어를 사용해서 무리하게 확장하는 것에 지나지 않아요. 이 과정에서 오히려 많은 혼란이 생길 수 있는데, 이럴 때면 언제나 처음으로 돌아가면 됩니다.

원— 이렇게 이야기가 확장되어서 실체란 이야기가 나올 때에는 되게 철학적 개념이 되는 거거든요? 철학에서는 '실체가 존재한다, 존재하지 않는다'로 계속 두 개의 사상이 싸움을 해왔다고 할 수도 있는데, 여기서는 실체라고 말하니까 객관적 실체인 것이죠. 실체라는 말이 품고 있는 의미에는 객관성이 있어요. 객관성은 우리가 보든 다른 누가 보든, 돌덩어리처럼 존재하는 그런 명확한 것들이 존재한다는 게 실체가 있다는 쪽의 주장입니다.

실체가 없다는 주장은 이 모든 것이 환영이라든지, 요즘은 소프트웨어나 시뮬레이션과 같은 것으로 변형되는데 사실은 똑같이 환영이라는 것이죠. 옛날 인도인들의 우주관과 기본적으로 다른 이야기가 아니거든요? 실체라는 거는 물질로서 돌덩어리 같은 것이 있는 것이고, 실체가 없다는 건 정보라든지 이미지라든지 해서 객관적인 형태로 존재하지 않는다는 겁니다.

이 싸움은 수천 년 전부터 사람들이 이런 복잡한 생각을 할 때부터 시작해서 지금까지 계속되고 있어요. 거기에서 무슨 정답을 찾는다는 것은 굉장히 어렵죠. 그리고 항상 문제가 되었던 게 실체라는 것이 정확하게 무엇을 이야기하는 것이냐 하는 겁니다. 정의가 무엇이냐 하는 것도 굉장히 어렵잖아요? 아주 모호하게 이야기를 하기는 했는데, 그 정의조차 입장에 따라 다르기 때문에 굉장히 어려운 이야기인 거죠.

그래서 지금의 이것은 이제 측정 전과 후에 변하냐 안 변하냐의 기준을 가지고 그런 용어를 사용하고 있다고 보아야 할 것 같네요.

다음 질문을 보겠습니다. "아인슈타인, 포돌스키, 로젠의 EPR 역설과 상대론을 접목해서 생각해보면 인과율이 이상해지는데, 이에 대한 해석은 어떤 것이 주류인가요?"

욱— 인과율 문제는 대단히 미묘합니다. 기본적으로 빛보다 빠른 정보전달이 가능하면 인과율을 깰 수 있습니다.

대부분의 물리학자들은 인과율을 깨고 싶어 하지 않아요. 그래서 EPR 역설을 이런 식으로 설명합니다. 앞에서 이미 이야기했어요. 양자역학적으로는 저쪽에서 색깔을 확인하는 순간, 이쪽의 색이 결정됩니다. 이 순간 빛보다 빠른 통신이 일어난 것처럼 보이죠. 하지만 결정된 이쪽의 색이 정말 저쪽의 측정결과 때문에 그런지는 이쪽에서 알 수가 없어요. 알고 싶으면 반드시 저쪽 결과를 알아야만 하잖아요? 저쪽의 이야기를 듣지 못했다면, 이쪽 사람의 입장에서는 빨간색이 나온 것은 여전히 2분의 1의 확률을 갖는 사건의 결과입니다. 이쪽 사람은 무작위적인 결과

• 상대성이론에 의하면 정보는 빛보다 빨리 올 수 없다 •

구나 하고 생각하는 수밖에 없습니다. 나중에 저쪽이 파란색이었다는 소식을 들으면 그제야 저쪽 때문에 나온 결과라는 사실을 알게 될 겁니다.

어쨌든 모순은 일어나지 않습니다. 저쪽이 파란색이었다면 이쪽은 빨간색, 저쪽이 빨간색이었다면 이쪽은 파란색이 나왔을 테니까요. 아무튼 저쪽에서 얻은 결과를 이쪽에 알려주려면 정보를 보내야 합니다. 이 정보는 상대성이론에 따라 빛보다 빨리 올 수 없습니다. 이런 의미에서 인과율은 아무 문제가 없습니다. 여기에도 측정 전에 알 수 없다는 양자역학의 특성이 중요한 역할을 하고 있죠. 양자역학이 인과율에게 병 주고 약 주는 셈이랄까요. 무척 미묘한 문제예요.

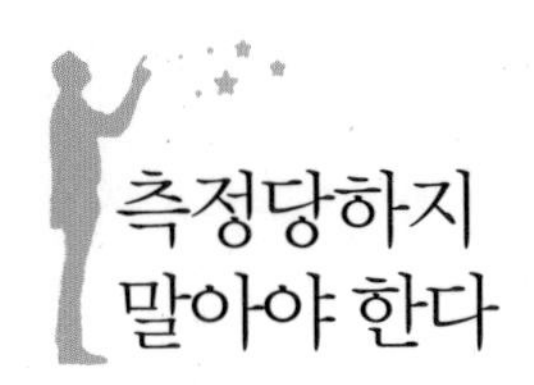

측정당하지 말아야 한다

원— 다음 질문으로 넘어가겠습니다. "'양자얽힘'에 대해 질문 있습니다. 만일 어떤 알약을 가지고 빛의 속도로 이동하게 되면 정보 전달은 빛의 속도를 넘을 수 없으니, 한쪽에서 확인된 정보가 다른 쪽으로 전달이 되지 않을까요?"

욱— 알약을 들고 빛의 속도로 이동하면서 이걸 열어보는 경우를 말씀하신 것 같네요. 거의 빛의 속도로 움직이는 어떤 실험자가 빛의 속도로 무언가를 내보냈을 때 그 속도가 0이 될 거라고 생각하신 건가요? 빛의 속도로 나간 것을 빛이라고 한다면, 그 속도는 0이 되지 않습니다. 내가 빛의 속도에 가깝게 달리고 있어도 내가 보내는 빛의 속도는 다시 빛의 속도입니다.

이게 상대성이론의 핵심 원리죠. 보통은 내가 움직이면 움직이는 속도만큼 빼야 되잖아요? 그래서 아마도 이렇게 생각하신 것 같은데, 상대성이론에서는 그렇지 않아요. 빛의 속도로 움직여도 빛을 보내면 그것은 또 빛의 속도로 갑니다. 그게 상대론에서 가장 이상한, 광속불변의 원리이죠. 그래서 그런 문제는 없습니다. 이런 문제 자체가 생기지 않아요.

원— 이 질문에 보면 우리가 빛의 속도로 이동한다는 표현이 있기는 한데 일단 기본적으로 빛의 속도로 이동할 수 없을 거고요. 빛의 속도의 99.9퍼센트로 내가 이동하고 있는 상태에서, 즉 지구에서 알파센타우리로 거의 빛에 가까운 속도로 간다고 했을 때, 가고 있는 상태에서 전파신호든 빛이든 보내면 가는 속도와는 아무 상관없이 그것 또한 빛의 속도로 가기 때문에 그 거리만큼 시간이 지나면 지구에 도달하는 것이죠. 그게 상대성이론을 조금 이해하시는 분들도 자주 오해하는 부분입니다. 그래서 광속이라는 것은 우주의 불변 값으로 보고 나머지 물리량들을 이 기준으로 생각을 하는 게 상대성이론의 바탕입니다.

욱— 양자역학 주제인데 상대성이론 질문이 많이 나오네요. 광속불변원리가 상당히 미묘합니다. 상대성이론에서는 시간이 느려지고 길이가 짧아지죠. 빛의 속도가 일정해야 하기 때문에 시간과 길이가 바뀌는 겁니다. 그런데 빛의 속도는 모든 관성계에서 똑같아요. 그래야만 합니다. 그게 깨지면 인과율이 깨지거든요.

원— 다음 질문으로 가겠습니다. "지난『양자역학 콕 찔러보기』에서 관측은 입자들 간의 상호작용으로 본다고 들었습니다. 그러면서 최대한 다른 입자와의 접촉을 배제하면 거시적 물체들도 양자역학적인 움직임을 보인다고 하셨죠. 고양이를 던지는 실험에서 그런 예를 들으셨는데, 그것과 이번 이야기와 어떻게 연관되나요? 입자의 상호작용에 대한 설명에 오늘 강의하신 양자역학의 비판점이 어떻게 적용될 수 있을까요?"

욱— 좋은 질문입니다. 사실 그 부분을 명확하게 이야기하지 않았습니다. EPR 실험에서 제가 알약 하나를 들고 저쪽에 가서 열어본 순간 색깔이 결정된다고 했잖아요? 이 때 두 가지 결과가 가능합니다. 저쪽이 파란색이고 여기가 빨간색일 경우와 그 반대의 경우죠. EPR 실험이 제대로 되려면 이 두 가지 사건이 양자중첩 되어야 합니다. 동시에 존재해야 한다는 말이죠.

고양이로 실험할 때 두 개의 구멍을 지나게 해서 간섭무늬를 보려면 고양이가 측정을 당하지 말아야 한다고 했잖아요? EPR 실험에서도 이런 중첩이 생기기 위해서는 중간에서 절대 측정을 당하면 안 돼요. 이 실험은 대개 빛, 그러니까 광자로 하고 있지만 원자로 한다고 생각해보죠. 그러면 원자 하나가 어떤 상태에 있고, 또 다른 하나는 어떤 다른 상태에 있고 해서 두 개를 양자역학적으로 얽어둡니다. 그리고 이 둘을 멀리 떨어뜨려놔요. 이 과정에서 절대 측정을 당하면 안 되기 때문에 조심스럽게 해야 하는데, 이건 굉장히 어려운 일이죠. 공기 분자 하나하고 부딪혀도 끝장이니까요. 지구상에서는 사방이 공기니까 우주공간에 나가면 좀 쉬우려나요? 그래서 보통 빛으로 실험을 합니다. 빛은 원자에 비해 주변과 상호작용을 많이 하지 않기 때문이죠.

아무튼 중첩이 일어나려면 고양이만이 아니라 원자도 측정을 당하지 말아야합니다. 이런 측정을 전문용어로 '결어긋남 decoherence'이라고 부릅니다. 결국 EPR 실험을 하려면 결어긋남이 일어나는 것을 막아야 합니다. EPR 역설도 지난번에 이야기한 양자중첩에 기반을 두고 있다는 말이죠. 여기에 둘 사이의 연결고리가 있습니다.

괴상하고 이상한데 잘 맞는 이론

원— 다음 질문입니다. "영화 매트릭스 말미에는 주인공 네오가 현실세계에서 마주친 전투기계들을 가상세계 안에서와 같이 제압하는 대목이 나옵니다. 현실세계를 믿었던 2199년 역시 네오가 싸우고 있는 그 시온이 있는 세계죠? 그 세계조차 또 하나의 가상 세계가 아니었느냐 하는 해석이 있는데, 정보우주의 세계로 세상을 가정할 때 이런 다층의 정보우주, 곧 정보우주 속의 정보우주라는 가능성이 존재할 수 있을까요? 물론 상상의 영역입니다만 수학적인 확률로 이것을 가능하다, 불가능하다는 식으로 이야기를 할 수 있는 걸까요?"

욱— 마지막 질문에 대한 답은 당연히 아니겠죠. 그렇죠? 아니라고 답을 해야 되겠죠.

원— 수학적인 확인이 안 된다는 말씀인가요?

욱— 사실 물리학계에 평행우주를 좋지 않게 보는 시각이 존재하고 있어요. 최근에 평행우주이론이 굉장히 유명해져서 많은 사람들이 물리학의 첨단이론으로 알고 있죠. 그래서 물리학자라고 하면 평행우주가 뭐냐고 물으시는데, 대부분의 물리학자는 답을 제대로 못합니다. 왜냐하면 이게 아직 제대로 된 이론도 아니거든요. 심지어 실험으로 검증할 수 있는지도 확실하지 않아요. 그러니까 여기에 관한 논문도 별로 없어요. 이게 정말 중요한 이슈라면 논문이 계속 나오고 논쟁이 벌어지고 해야 되는데, 그렇지 않은 거죠. 실험으로 검증되지 않는 이론에 대해서는 물리적으로 할 이야기가 많을 수 없어요.

그런데 유명한 과학자들이 책을 쓰면서 실제 학계 내에서의 위상에 비해 대중들에게 많이 알려진 겁니다. 평행우주이론 자체도 애매하다고 생각하는데, 어떤 물리학자는 평행우주의 단계를 나누기 시작했어요. 마음이 아프죠. 하나도 모르는데 둘을 이야기하는 것에 대해서는 뭐라고 할 말이 없잖아요? 그런 의미에서 앞서 설명한 정보우주이론도 아직은 SF 소설에 가까워요. 물론 이런 것이 재미있고 사람들이 좋아하기는 하지만, 아직 확립된 과학이론은 아닙니다.

이런 주제가 제대로 된 과학이론이 되려면 벨이 EPR 역설에서 했던 것처럼 과학적으로 검증할 수 있는 형태로 되어야 해요. 실험으로 확인할 수 있는 형태가 되어야 비로소 과학적 토론을 할 수 있죠. 현재 이 이론은 그런 단계에 올라와 있지 않습니다. 이렇게 생각해볼 수도 있지 않겠냐는 정도의 상황이죠. 여기서 한 발짝 더 나아가면 할 말이 별로 없습니다. 제대로 된 과학자라면 우선 이 문제를 어떻게든 우리가 검증할 수 있는 형태로 바꿔야 한다고 생각합니다. 이제 많은 사람들이 그런 생각을 하고 있는 것 같아요. 만일 누가 그런 것을 이미 발견해냈다면 벨처럼 유명해졌겠죠. 아직 그 단계는 아닙니다.

사실 양자역학이 실험과 너무 잘 맞지만, 다른 한편으로는 그 해석이 너무나 기괴해서 오만가지 상상을 많이 하게 됩니다. 인간이 만든 이론 가운데 정말로 괴상하고 이상한데 이렇게 잘 맞는 이론이 없어요. 하지만 이미 이야기한 것처럼 수학으로만 보면 아무런 문제가 없어요. 너무나 많은 사람들이 수학을 싫어하지만, 수학을 그냥 언어의 하나로 보면 돼요. 언어가 뭐 별겁니까? 자기의 생각을 표현하는 수단의 하나잖아요? 여러분이 생각을 우리말로 표현하면 우리나라 문법에 맞게 이야기를 해야 합니다. 영어로 한다면 영어 문법의 틀에서, 다른 언어라면 그 언어의 문법의 틀 안에서 표현하는 것이죠.

수학도 마찬가지예요. 수학도 여러분이 머릿속에 있는 것을 표현하는 하나의 언어입니다. 수학의 가장 큰 장점은 다른 어떤 언어와 비교하여 불확실성이 거의 없다는 것이죠. 제가 수학으로 제 생각을 표현하면, 그것이 무엇을 의미하는지 다른 사람이

한 치의 오해도 없이 이해할 수 있어요. 세상에 이런 언어는 거의 없습니다.

전자가 두 개의 구멍을 동시에 지난다고 말하면, 사람들의 머릿속에는 정말 오만 가지 이미지가 떠오를 겁니다. 이제 무슨 일이 벌어질지 물어보면, 어떻게 이해했느냐에 따라 서로 다른 수많은 답이 나올 수 있습니다. 하지만 이 상황을 양자역학적으로는 단 한 줄의 수식으로 쓸 수가 있어요. 물론 그 의미를 우리의 경험에 근거하여 이해하는 것은 어렵지만, 그것을 수학적으로 이용하여 모두가 동일한 결과를 얻을 수 있다는 것이 중요하죠.

이 수식을 언어로 바꾸는 순간 혼란이 생깁니다. 보어가 지적했듯이 양자역학의 문제는 단지 언어의 문제인지도 모릅니다. 사실 양자역학을 정말 제대로 이해하고 싶으면 수학으로 바라보면 돼요. 그 수준에서는 전혀 오해가 없습니다. 평행우주나 정보우주 같은 것들도 어찌 보면 해석의 문제에 불과한지도 모릅니다. 해석의 문제는 말 그대로 해석의 문제일 뿐이죠. 양자역학의 모든 것은 수학적으로 아무 문제 없이 잘 굴러가니까요.

말이 좀 옆으로 샜는데요. 평행우주와 관련된 질문들을 생각하는 것이 재미있기는 합니다. 하지만 수학적으로 보다 더 정식화되고 실험적으로 검증 가능한 형태의 이론이 되지 못하면 그걸 과학적으로 이야기하는 건 상당히 위험하고 별로 도움도 되지 않는다고 생각해요. 질문으로 돌아가면 아직 정보우주라는 것도

SF에 가까운 판에, 정보우주 속의 정보우주를 이야기하는 것은 과학적으로 무의미하다는 거죠. 더 재미있는 답을 드리면 좋겠지만, 정통 과학자로서 여기서 위험한 짓을 하지는 않겠습니다.

원— 반면 저는 과학자가 아니기 때문에 과학자들이 갈 생각조차 하지 않는 영역도 갈 수 있어요. 그리고 과학적인 것과 논리적인 것은 분명히 다릅니다. 이 둘은 완전히 다른 거예요. 굉장히 많은 분들이 이 둘을 혼동합니다. 논리적인 것을 조금 쉽게 말하면 그럴듯한 겁니다. '이렇게 말을 하니까 이게 이런 것 같고, 이렇게 들어보니까 딱 맞아떨어지는 것 같으니까 그럴 것 같군' 하는 것이 대부분 논리적인 영역입니다.

과학적인 것은 수학적으로, 또는 실험을 통해서 이것이 사실이라는 게 적어도 그 단계에선 아주 분명하게 정리가 되어 있는 상태의 것이 과학적인 것입니다. 그래서 사이비종교라든가 하는 것도 말도 안 되는 이야기를 하는 것 같지만 그 안에는 논리들이 있기 때문에 사람들이 속는 거죠.

그래서 그런 걸 전제로 하고 말씀드리면 논리적으로는 정보우주 속의 정보우주는 얼마든지 가능합니다. 물론 과학적으로는 전혀 다른 문제입니다. 그리고 논리적으로는 우리가 만약에 정보우주를 만들었다, 컴퓨터 시뮬레이션이죠? 지난 시간에 이야기를 했는데 시뮬레이션 속에 시뮬레이션이 있을 수 있다. 논리적으로는 제가 만든 시뮬레이션 속의 우주가, 우리 우주보다 더 복잡할 수도 있어요.

이것은 신학과 관련된 이야기하고도 연결이 되어 있는데, 옛날에 신은 가장 복잡한 존재이기 때문에 이 복잡한 우주를 만들어낼 수 있다는 생각이 있었어요. 신학이라는 게 굳이 윤리 같은 이야기만 하는 건 아니거든요. 무척 복잡한 논리적인 부분들도 있는데, 이제는 가장 복잡한 것에서만 아주 복잡한 게 나오지는 않는다는 가정들이 생기고 있습니다.

그렇지만 논리적으로 가능하다는 것과 과학적인 타당성이 있거나 신은 진리라 이야기하는 거는 전혀 다른 것이죠. 그런 정도로 재미로 생각해볼 수 있는 부분이 아닌가 싶습니다. 평행우주론은 몇 년 전까지만 해도 그렇지 않았는데 요즘은 마치 진리처럼 여기는 경향이 있는데 입증된 그런 것은 아니라는 사실은 알고 있었으면 합니다.

욱— 논리 이야기가 나온 김에 좀 더 이야기해보죠. 논리에서는 공리, 즉 전제가 중요합니다. 전제에는 참, 거짓이 없습니다. 그냥 옳다고 가정하는 거죠. 전제는 뭐든 가능합니다.

여기에 과학과 차이가 있습니다. 상대성이론과 관련한 기하학이 좋은 예입니다. 학창 시절에 다 배우셨듯이 삼각형 세 각의 합은 180도입니다. 수학적으로는 삼각형 세 각의 합이 180도가 아닌 공간을 논리적으로 상상할 수 있습니다. 그러면 새로운 기하학이 나옵니다. 물론 우리가 사는 세상에서 삼각형 세 각의 합은

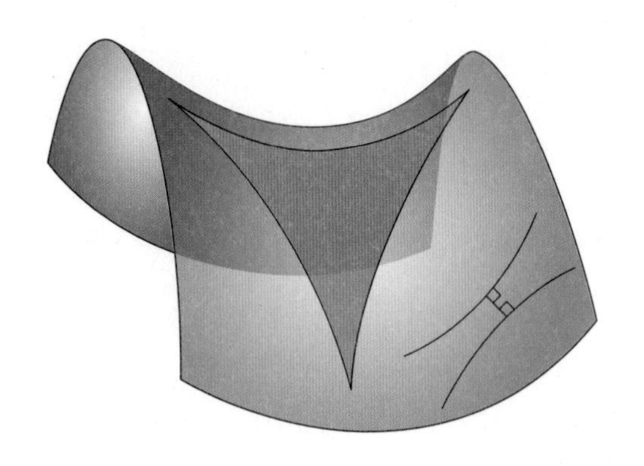

• 우주에서는 삼각형 내각의 합이 180도가 아닐 수도 있다 •

분명 180도입니다. 삼각형 세 각의 합이 180도가 아닌 새로운 기하학은 논리적으로는 완벽한데 실제 존재하는 세계인지는 다른 이야기인 거죠. 삼각형 세 각의 합이 180도인 기하학을 유클리드 기하학이라고 합니다.

옛날 사람들은 우리가 사는 우주가 유클리드 기하학을 따른다고 생각했죠. 하지만 아인슈타인의 일반상대성이론에 따르면 중력이 시공간을 휘어놓습니다. 이런 우주에서는 삼각형 세 각의 합이 180도가 아니죠. 전제가 바뀌게 된 겁니다. 이건 논리의 문제가 아닙니다. 논리적으로는 우리 우주가 어떤 우주인지 결정할 수 없습니다.

즉, 우리 우주가 삼각형 세 각의 합이 180도인 우주냐 아니냐 하는 문제는 논리로 해결될 수 있는 것이 아니라는 말입니다. 논리만 생각하면 모두 가능하다는 거죠. 오직 실험을 통해서 우리 우주가 어떤지를 확인할 수 있는 겁니다. 일반상대성이론이 탄생한 다음, 빛이 중력 때문에 휠 거라는 아인슈타인의 예측이 실험으로 확인됩니다. 그래서 우리는 지금 우리가 사는 우주가 유클리드적인 공간이 아니라는 것을 압니다.

물론 과학은 논리적으로 모순이 없는 체계를 만들어갑니다. 그래서 EPR 역설처럼 그 자체에 모순이 있는지를 계속 물어보는 건 중요합니다. 모순이 생기면 그 자체로 이론이 무너지기 때문이죠. 하지만 논리적으로 모순 없는 수학적 이론들이 몇 개 있을 때 그중에 어느 것이 옳은가는 오로지 실험으로 정할 수밖에 없습니다. 실험결과와 맞으면 옳은 이론이고, 맞지 않으면 아무리 수학적으로 아름다워도 버려야 돼요.

하지만 수학은 여전히 중요합니다. 좋은 언어거든요. 수학을 사용하면 그 자체로 논리를 보장해주기 때문입니다. 일상 언어로 과학을 표현하면 논리가 맞는지조차 확인할 수 없지만, 수학을 이용해서 이론을 구축하면 최소한 논리가 맞는다는 것이 보장됩니다. 우리가 할 일은 전제만 잘 찾으면 되는 거지요. 일단 전제를 찾으면 그다음은 수학이 다 해결해줍니다. 전제를 찾은 다음 하는 일은 원리적으로 연습문제 푸는 거랑 다를 바 없습니다. 물론 이게 언제나 쉬운 것은 아닙니다만.

요즘 융합과 소통을 이야기하잖아요? 과학은 '가치'가 들어 있지 않은 수학을 언어로 쓰는데, 인문학의 언어와 용어들에는 '가치'가 듬뿍 들어 있다는 것이 차이인 거 같아요. '자유'나 '평등' 같은 간단한 단어에조차 가치와 이념이 들어 있죠. '실체'라는 말에도 가치가 들어 있어요. 수학의 가장 좋은 점은 가치가 없다는 겁니다. 1+1=2 안에는 아무런 가치가 들어 있지 않아요. 정의, 공리, 논리만이 있습니다. 모든 수학은 동어반복에 불과하다고 말하는 사람도 있습니다. 공리를 다른 형태로 계속 바꿔가며 말하는 거지요. 참인 명제는 결국 공리에서 시작하여 모두 논리적으로 연결되어 있으니까요.

어쨌든 놀라운 것은 이 우주가 가치를 배제한 수학으로 잘 기술된다는 사실 아닐까요? 그런데 수학으로 기술된 과학적 내용을 일상 언어 안으로 가져올 때는 항상 문제가 생겨요. 다시 한 번 반복되는 이야기지만, 정말 과학을, 적어도 물리학을 제대로 이해하려면 수학을 알아야 합니다. 수학 없이 과학을 할 때에는 오해가 생길 수 있다는 것을 아시면 좋을 것 같습니다.

원— 제가 몇 년 전에 중학교 2학년 수학 문제집을 풀어보려고 했는데 못 풀겠더라고요. 그런데 수학은 취미로 삼을 수도 있는 게 아닌가 하는 생각도 듭니다. 사실은 뭐든지 깊이 들어가면 어려운 건 마찬가지죠. 피아노 연주는 얼마나 어렵습니까? 저는 기타를 치는데, 기타도 깊이 들어가면 정말 어렵거든요. 그런 식으로 접근하면 수학도 못할 것 없다는 생각이 들기도 합니다.

다음 질문입니다. "양자역학에서 관측을 할 때, 관측 에너지를 설정하고 그 상태를 그 에너지만큼 보정하면 되지 않을까요?"라는 질문입니다. 입자를 관측할 때 에너지가 필요하니까 그 에너지만큼 보정을 하면 관측이 끼친 영향을 덜어내면 되지 않나 하는 질문 같습니다. 예를 들어, 당구를 칠 때 잘 치는 사람이라면 큐대로 어디를 어떻게 어떤 힘으로 쳐서 어떤 속도로 당구공이 어디로 갈 것이라는 걸 계산할 수가 있잖아요. 이 경우에도 예를 들어서 내가 광자를 보내서 이것을 관측을 하는데 어떤 세기로 어떻게 정확하게 치면 얼마만큼 움직일까 하는 걸 계산할 수 있다면, 그 영향을 받지 않는 상태의 위치를 판단할 수 있지 않을까 하는 생각인 것 같습니다.

욱— 그게 된다면 측정을 한 이후에 그걸 되돌릴 수 있는 거잖아요? 결국 측정 전의 상태를 정확히 알 수 있다는 거니까 양자역학에 비결정론은 필요가 없게 되는 거죠.

원— 그렇죠.

욱— 그러니까 그걸 되돌릴 수 없도록 되어 있어야 하겠죠. 가장 쉬운 설명은 그렇게 되면 양자역학의 표준해석이 다 무너지니까 안 된다는 것입니다. 물론 이건 설명이 아니라 '입 닥치고 계산해'나 다름없는 협박이죠.

두 가지 설명 방법이 있는데, 모두 너무 어려울 거 같아요. 정말 핵심만 말씀 드리죠. 지금 질문하신 것처럼 측정과정을 되짚어 갈 수 있다는 것은 측정이 일종의 역학적 과정으로 환원된다는 가정을 하는 겁니다. 광자가 전자에 어떤 각도로 입사하여 충돌하고 어떤 각도로 튕겨 나와서, 뭐 이런 식인 거죠. 지금 다 설명할 수는 없지만, 이런 식으로 측정과정을 설명하면 안 된다는 실험결과가 있습니다. 측정은 단순히 역학적인 과정에서 발생한 교란만으로 기술할 수 없습니다.

두 번째는 측정이 비가역과정이라는 겁니다. 즉, 시간에 대해서 돌이킬 수 없는 과정이란 뜻이죠. 이걸 제대로 이해하려면 '엔트로피'라는 개념에 대해 설명해야 하는데 이것도 시간이 없을 것 같아요. 나중에 양자역학 3편을 하게 되면 다뤄볼까요? 아주 간단히만 말해볼게요.

중첩상태를 측정하면 중첩이 깨집니다. 동시에 두 개의 구멍을 지나던 전자가 측정당하면 예를 들어 오른쪽을 지나게 되죠. 이제 측정 중에 전자에 준 교란을 제거하고 싶어요. 원래의 중첩상태로 돌아가고 싶다는 것인데, 이게 가능할까요? 이미 어느 구멍을 지났는지 알았잖아요. 이미 안 다음 모르는 상태로 돌아간다는 것이 무슨 뜻일까요? 모른 체하자는 것인가요? 양자역학의 무지는 객관적 무지, 원리적으로 알 수 없는 것입니다.

만약 중첩상태로 돌아갔다고 합시다. 그렇다면 아까 측정으로 알아낸 오른쪽을 지난다는 정보는 무엇일까요? 이제는 어느 구멍을 지나는지 결코 알 수 없는 중첩상태로 돌아왔잖아요. 여기서 정보가 사라졌다는 것을 알 수 있습니다. 이런 걸 물리에서는 엔트로피가 변했다고 이야기해요. 엔트로피가 늘어나는 과정을 되돌릴 수는 없습니다. 너무 어려운가요? 암튼 양자측정을 되돌리는 것은 불가능합니다.

양자암호와 양자컴퓨터

원— 일단은 우리는 그렇게 알고 있어야 할 것 같습니다. 다음 질문입니다. "『쥬라기 공원』의 저자인 마이클 크라이튼의 소설 『타임라인』을 보았는데, 양자컴퓨터를 개발해서 사람의 몸을 분자 단위로 순식간에 읽어내고 복사한 후 과거로 보낸답니다. 양자컴퓨터의 개발이 성공한다면 그 가능성의 한계가 어디까지입니까?"

욱— 저도 『타임라인』을 보았습니다. 영화로도 봤죠. 이 소설에서는 양자전송 하는 장비를 만들어서 시간여행을 하는 데, 잘못된 이야기입니다. 양자컴퓨터를 만들어도 시간여행을 못합니다. 양자역학도 인과율을 깨지 못해요. 소설이니까 허구로 생각하시면 됩니다. 하지만 원리적으로 양자전송은 할 수 있습니다. 사실 제가 양자전송에 대해 준비는 했는데 미처 이야기하지 못했

• 양자컴퓨터가 개발되더라도 시간여행은 불가능 •

습니다. 질문 감사합니다.

양자전송 이야기를 하면 많은 분들이 물체가 순간적으로 공간 이동하는 모습을 떠올리시지만 미묘한 차이가 있습니다. 빛보다 빨리 움직이는 것은 없으니 절대 이렇게 할 수는 없습니다. 그렇다면 양자전송은 무엇을 전송한다는 걸 까요? 좀 복잡하지만, 이것은 그 작동원리를 나타내는 것입니다.

우선 세 개의 입자가 필요합니다. 전송할 정보를 담은 입자를 편의상 '입력입자'라고 부르겠습니다. 나머지 두 개는 전송을 매개할 것인데 미리 양자얽힘 상태로 만들어두어야 합니다. 그림 아래에 EPR 소스라고 있는데, 이들이 바로 양자얽힘 상태에 있

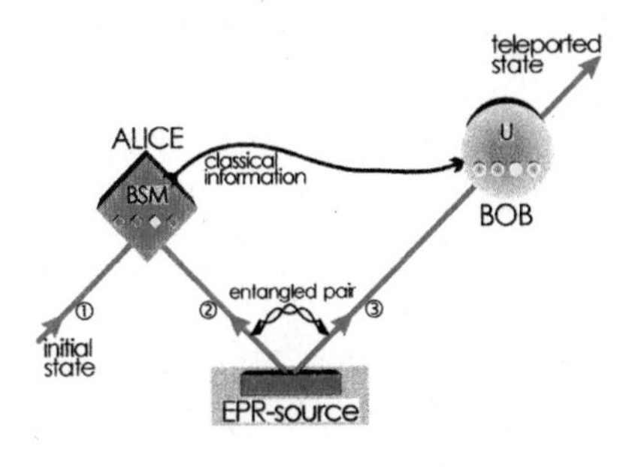

• 양자전송은 무엇을 전송하는 것일까? •

는 두 입자입니다. 우선 얽힘 상태에 있는 두 개의 입자를 서로 다른 방향으로 보냅니다. 하나는 엘리스Alice에게, 다른 하나는 밥Bob에게 보내는 거죠. 그런 다음에 엘리스로 간 입자와 우리가 전송하고 싶은 정보를 담은 입력입자를 묶어 한꺼번에 상태를 측정합니다. 그러면 밥에게 간 입자가 우리가 전송하고자 했던 입력입자의 상태정보로 바뀝니다.

예를 들어서 왼쪽에 있는 입력입자가 가장 낮은 에너지 상태에 있었다면, 이런 조작이 다 끝나고 나면 저쪽 멀리 밥에게 있는 입자가 입력입자와 같이 가장 낮은 에너지 상태에 있게 되는 거죠. 이게 가능한 이유는 초기에 두 입자를 양자얽힘 상태에 두었기 때문이에요. 이것과 〈스타트랙〉에 나오는 공간이동은 어떤 관계가 있는 것일까요? 우리 몸을 전송한다고 해봅시다. 몸은 다 원자로 되어 있어요. 이 모든 원자들의 상태는 무척 복잡할 겁니다. 그렇지만 원리적으로는 그 모든 원자들의 양자역학적인 상태를 생각할 수가 있습니다.

자, 이제 전송하려는 쪽에 원자들을 모아서 우리 몸을 이루는 원자들의 상태와 같도록 만들어주면 끝입니다. 한쪽의 양자상태를 그대로 읽어다가 저쪽으로 가져가는 겁니다. 내 몸이 직접 가는 건 아니고 정보만 저쪽으로 옮기는 겁니다. 그리고 원자들을 모아서 그 정보를 그대로 구현해내면 우리 몸이 이동한 것과 차이가 없다는 거죠.

팩스를 보내는 것과 비슷해요. 문서가 직접 가는 것이 아니잖아요. 문서에 적힌 내용을 읽어서 그걸 전자신호 바꾼 다음에, 그게 전선을 타고 이동해 수신자의 종이에 프린트되는 거죠. 물론 프린터의 품질이 안 좋으면 팩스로 왔다는 걸 금세 알겠지만, 아주 좋은 품질의 것으로 보낸 거면 원본과 구분하기 힘들 겁니다. 이게 양자전송입니다. 현재 구현된 실험은 기껏 해봐야 원자 한두 개의 정보를 옮기는 거예요.

여기서 중요한 사항이 하나 있습니다. 정보를 옮기려면 우선 측정을 해야 돼요. 측정을 하지 않으면 정보가 뭔지 모르는데 어떻게 정보를 옮기겠어요? 수없이 이야기했듯이 양자역학에서는 측정과정에서 대상이 교란됩니다. 그래서 측정할 때 전송하려는 쪽의 정보는 날아가고, 저쪽에서 새로 만들어집니다. 그림에서는 왼쪽의 엘리스에서 측정을 하는 순간 그 정보는 사라지고, 밥에게로 정보가 옮겨가요.

적어도 이 순간 정보가 이동하니 빛보다 빠른 공간이동이라고 부를 수 있기는 합니다. 많은 사람들이 이것 때문에 상대성이론에 문제가 생기는 것은 아닌지 의문을 갖습니다. 하지만 문제는 일어나지 않습니다. 실제 양자전송이 완결되기 위해서는 정보를 받은 밥이 엘리스의 측정결과를 알아야 해요.

앞에서 양자전송을 위해서 엘리스가 측정을 해야 한다고 했잖아요? 엘리스가 측정하는 순간 입력입자의 정보가 밥에게 가기는 했지만, 밥이 받은 정보를 제대로 구현하려면 엘리스의 측정결과가 필요합니다. 이게 마치 열쇠 같은 역할을 하거든요. 엘리스의 측정결과라는 정보는 전화를 하든 편지를 보내든 직접 전달해야 합니다. 이런 정보가 이동하는 속도는 빛보다 빠를 수 없으니까, 엄밀히 말하면 빛보다 빠른 정보전달이 없다고도 할 수 있습니다. EPR 상태의 양자얽힘에서 있었던 비국소성 문제와 같은 것이죠.

양자전송은 이미 실험으로 구현되었습니다. 양자컴퓨터보다 훨씬 구현하기 쉽거든요. 근데 막상 이야기하고 보니 너무 어려운 내용 같아요. 이해되시나요?

원— 그런가 보다 하는 거죠. 그리고 정말 알고 싶을 때에는 수학을 공부하든지, 책을 많이 읽든지 하면 도움이 되겠죠. 여기 〈스타트랙〉이 방금 나왔는데 이런 것이 순간이동 또는 광선이동이죠? 사실 〈스타트랙〉에서 그 이동은 아마 광속의 한계를 넘지 못한 것일 거예요.

그런데 철학적인 이야기로 팩스를 예로 들자면 팩스 같은 경우에는 보내고 나도 어쨌든 원본은 남아 있죠. 원본인 내가 여기에 남아 있고 정보를 보내서 저쪽에서 나와 똑같은 내가 생겨난다 한들 거기는 거기고 나는 나인 거거든요. 나는 여전히 여기에 있는 거죠. 복사본이 생겨나는 거지 실제로 전송이 되는 건 아니죠. 이런 미묘한 문제가 또 있습니다. 자아연속성이라든가 하는 문제가 있어서 사실 무척 기묘한 소재가 되는 거죠.

욱— 덧붙이자면 양자역학에는 '복제불가정리No cloning theorem'라는 게 있습니다. 그러니까 복제를 하려면 대상을 읽어서 그 정보를 가지고 복제를 하는데, 읽는다는 건 측정이잖아요. 측정하면서 당연히 원본이 다 깨집니다. 양자역학에서 측정은 대상을 교란시키잖아요. 그래서 복제가 안 됩니다. 원본을 없애야만 복사본을 만들 수 있어요. 이건 그냥 재미있는 이야기만은 아닙니다. 이 원리를 이용하면 궁극적으로 가장 안전한 통신을 할 수 있어요.

기밀통신에서는 중간에 제3자가 통신 내용을 감청해서 가로채는 것이 언제나 골칫거리죠. 가로채는 것까지는 큰 문제가 아니지만, 가로챘음에도 그 사실을 모르는 건 큰 문제가 됩니다. 적이 정보를 가로채는 순간 곧바로 그 사실을 알 수 있으면, 그 통신 내용을 아예 무시하면 되거든요.

양자역학을 사용하면 누군가 몰래 정보를 가로채는 것을 막을 수 있습니다. 복제가 불가능하니까요. 복제하는 순간 흔적을 남기게 되는 겁니다. 양자암호Quantum Cryptography는 완벽하게 안전한 암호체계입니다. 양자암호는 이미 벌써 실용화되었는데, 군에서 관심이 많습니다.

원— 진짜 이런 이야기는 대단하네요. 실용적으로 이미, 거의 쓰고 있는 건가요?

욱— 이미 판매하고 있습니다. 하지만 군에서 사용하는지는 기밀이기 때문에 잘 알 수 없고요.

원— 하긴요. 그렇죠.

욱— 하지만 상용화 되었으니 아마도 군에서는 상당한 수준까지 개발되어 있을 거라고 생각해요.

원— 김춘수의 〈꽃〉이라는 시에 "내가 그의 이름을 불러 주었을 때 그는 나에게로 와서 꽃이 되었다"라는 구절이 있죠. 이름을 부른다는 것을 일종의 측정 행위로 볼 수 있지 않을까 하는 생각이 그냥 갑자기 들었어요. 그래서 그 순간 대상이 의미를 지니게 되는, 하나의 실체가 되는 것 말이죠. 이런 질문인데 이건 물리학적으로 굳이 말할 내용이 아니죠?

욱— 방금 전에 일상적인 언어를 쓰면 이렇게 오해되기가 쉽다는 이야기를 했죠. 물론 시에 문제가 있다는 이야기가 아닙니다. 많은 사람들한테, 특히 인문학자들이나 예술가들한테 양자역학이 영감을 주는 것 같습니다. 이건 그냥 과학이 아니라는 걸로 충분하지 않을까요? 문학이나 예술에 대해 빡빡하게 '과학적으로 이러면 틀린 겁니다'라고 하는 것은 난센스겠죠.

양자역학의 여러 개념을 사용해서 인문학적 상상력이든, 예술적 상상력을 불러일으키는 건 좋은 일인 거 같아요. 그러나 이게 과학이냐고 물어본다면, 그건 절대 아니란 것만 아시면 될 듯합니다.

원— 그게 중요한 거 같아요. 얼마든지 예술이나 종교와 과학에 대해서 이렇게 이야기해도 되고 비유도 가능하지만, 그것을 과학이라고 믿는 순간 거기서부터는 혼선이 생기기 시작하는 거죠.

예를 들어 복잡하게 과학인 척하지만 과학이 아닌 경우도 많기 때문에 그런 것들은 잘 분별을 해야 할 겁니다. 이것 같은 경우에 시를 가지고 비유한 것이지만, 특히 양자역학은 신비주의와 연결되는 경우도 많고 해서, 그런 것을 잘 판단해야 할 겁니다. 이것과 연결해서, "다큐멘터리에서 홀로그램 이론에 관한 내용을 보았습니다. 이 이론이 과학계에서 어떤 위치에 있는지 궁금합니다"라는 질문이 있습니다.

욱— 홀로그래피 원리holographic principle는 저도 전문분야가 아니라서 자세히는 모릅니다. 제가 아는 것도 여러분이 대중과학서적에서 얻을 수 있는 지식 정도밖에는 안 될 것 같아요.

간단히 설명하면 이렇습니다. 블랙홀의 모든 정보는 표면에 있습니다. 빛조차 빠져나오지 못하는 블랙홀 안쪽을 볼 수 없기 때문이죠. 우주공간에서 우리로부터 빛의 속도로 도달할 수 있는 최대의 거리가 있을 겁니다. 이 거리 밖의 공간은 블랙홀의 내부와 마찬가지로 절대 볼 수가 없죠. 빛보다 빠른 것은 없으니까요.

블랙홀 이야기를 여기에 그대로 적용할 수 있습니다. 우리 우주의 모든 정보가 최대거리를 둘러싼 가상의 표면에 있다는 겁니다. 수학적으로는 3차원 공간의 모든 정보가 그 공간을 둘러싼 2차원 표면에 있다는 이야기가 되죠. 이것은 아직 실험적 증거는 없고, 초끈 이론에서 나오는 수학적 원리에요.

원— 홀로그램 이론이라고 이야기할 때에도 여러 가지 종류가 있습니다. 제가 다큐멘터리는 잘 모르겠지만 대중적으로 알려진 것은 마이클 탤보트라는 사람이 쓴『홀로그램 우주』라는 책이 국내에서 번역서도 나왔습니다. 이런 것은 지금 이야기한 것과는 다른 신비주의적인 겁니다.

마이클 탤보트 마이클 탤보트Michael Talbot(1953~1992)는 미국 뉴욕에서 활동한 SF 작가이다.『신비주의와 새로운 물리학Mysticism and the New Physics』,『양자를 넘어서Beyond the Quantum』,『당신의 전생: 환생 핸드북Your Past Lives: A Reincarnation Handbook』과 같은 작품을 썼다.

사실 지금은 한계에 도달한 것 같습니다. 어려운 양자역학 이야기에 정말 잘 견뎠습니다.

정말 수학을 공부해서 양자역학의 본령, 양자역학뿐만 아니고 상대성원리든 뭐든, 그 본령에 접근하시는 분들도 나오셨으면 좋겠습니다. 그리고 책을 통해서 더 어려운 것을 깊이 파고드는 사람도 나왔으면 좋겠습니다. 양자역학이라는 것이 다 이해하지 못할지 몰라도, 그 세계관이라는 건 일상에서 벗어난 듯이 보입니다. 그렇게 느껴서 내가 세상을 보는 시각이 좀 더 넓어지고 깊어지면 인간만이 생각할 수 있고, 느낄 수 있는 영역으로 조금씩 더 가게 되는 것이 아닐까 하는 생각도 듭니다.

그런 의미에서 오늘 어려운 이야기였지만 열심히 말해주신 김상욱 교수님께 감사합니다.

욱— 감사합니다.